FORSCHUNGSBERICHTE
DES WIRTSCHAFTS- UND VERKEHRSMINISTERIUMS
NORDRHEIN-WESTFALEN

Herausgegeben von Staatssekretär Prof. Dr. h. c. Leo Brandt

Nr. 326

Prof. Dr.-Ing. Ernst Essers

Institut für Kraftfahrwesen der Technischen Hochschule Aachen
unter Mitarbeit von
Dr.-Ing. I. Essers und Dipl.-Ing. J. Klein

Deichselkräfte an Lastzügen

Als Manuskript gedruckt

Springer Fachmedien Wiesbaden GmbH

ISBN 978-3-663-03573-2   ISBN 978-3-663-04762-9 (eBook)
DOI 10.1007/978-3-663-04762-9

Forschungsberichte des Wirtschafts- und Verkehrsministeriums Nordrhein-Westfalen

Gliederung

Zeichen . . . . S. 5

Vorwort . . . . S. 7

1. Die Kräfte in den Verbindungsteilen von Lastzügen, ihre Folgen . . . . S. 7

   1.1 Allgemeines . . . . S. 7

   1.2 Das Schwingungssystem und die verschiedenen Einflüsse . . . S. 1o

      1.21 Koppelung der Längsschwingungen des Lastzuges mit den Nickschwingungen von Zugwagen und Anhänger . . . . . . S. 1o

      1.22 Erregerstöße durch Fahrbahnunebenheiten . . . . S. 12

      1.23 Zusammenfassung der Einflußgrößen . . . . S. 13

2. Meßverfahren . . . . S. 14

   2.1 Versuchsanordnung . . . . S. 14

      2.11 Versuchsstrecken . . . . S. 14

      2.12 Lastzüge . . . . S. 16

      2.13 Anhängerkupplungen . . . . S. 17

      2.14 Meßgeräte . . . . S. 18

   2.2 Versuchsdurchführung . . . . S. 2o

   2.3 Auswertung . . . . S. 22

      2.31 Federweg- und Ritzdehnungsschriebe, Zählwerksmessungen S. 22

      2.32 Häufigkeitskurven . . . . S. 24

      2.33 Kennzeichnende Werte der Deichselkräfte P_1 und P_{max} . S. 25

3. Versuchsergebnisse . . . . S. 25

   3.1 3,5 t-Lkw mit 4 t-Anhänger (Lastzug A) . . . . S. 26

      3.11 Fahrbahn . . . . S. 26

      3.12 Fahrgeschwindigkeit und Belastung . . . . S. 27

      3.13 Kupplungsfeder . . . . S. 3o

      3.14 Lastverteilung . . . . S. 32

   3.2 8 t-Lkw mit 12 t-Anhänger (Lastzug C) und mit 17 t-Anhänger (Lastzug D) . . . . S. 34

      3.21 Anhängerbauart und -belastung . . . . S. 34

      3.22 Fahrgeschwindigkeit . . . . S. 36

      3.23 Kupplungsfeder . . . . S. 38

   3.3 Resonanzfälle, Spitzenkräfte . . . . S. 39

   3.4 Abhängigkeit der Deichselkräfte von der reduzierten Masse des Lastzuges . . . . S. 41

4. Haltbarkeit der Verbindungsteile . . . . S. 44

   4.1 Die Deichselkräfte auf der Gesamtlaufstrecke eines
       Lastzuges . . . . S. 44

   4.2 Schadensstatistische Feststellungen . . . . S. 48

5. Zusammenfassung und Folgerungen . . . . S. 51

   5.1 Versuchsergebnisse . . . . S. 51

       5.11 Untersuchte Lastzüge . . . . S. 51

       5.12 Allgemeine Ergebnisse . . . . S. 51

       5.13 Meßergebnisse im einzelnen . . . . S. 51

       5.14 Schwingungstechnische Ergebnisse . . . . S. 53

       5.15 Anhalt für Lastannahmen . . . . S. 54

   5.2 Möglichkeiten zur Verringerung der Deichselkräfte . . . . S. 55

   5.3 Folgerungen . . . . S. 57

6. Literaturverzeichnis . . . . S. 58

7. Anhänge . . . . S. 60

   7.1 Zur Übertragbarkeit der Meßwerte . . . . S. 60

   7.2 Langstreckenfahrten mit Lastzug E . . . . S. 65

   7.3 Versuchstechnischer Nachweis der Koppelung zwischen Längs-
       und Nickschwingungen . . . . S. 69

   7.4 Bewegungen des Aufbaues gegenüber dem Fahrzeugrahmen . . . S. 73

   7.5 Streubereich der Meßwerte . . . . S. 78

   7.6 Schadensstatistische Feststellungen . . . . S. 80

Forschungsberichte des Wirtschafts- und Verkehrsministeriums Nordrhein-Westfalen

Zeichen

Fahrgeschwindigkeit	$V(v)$	km/h (m/s)
Deichselkraft [1] (Zug bzw. Druck)	P	t
Gesamtgewicht des Zugwagens (Anhängers)	G_Z (G_A)	t
Gesamtgewicht des Lastzuges	G_{ZA}	t
Nutzlast des Zugwagens (Anhängers)	G_{NZ} (G_{NA})	t
Gesamtnutzlast von Zugwagen und Anhänger	G_N	t
reduzierte Masse [2] des Lastzuges wobei: $g \cdot m_{red} = G_A \cdot G_Z/(G_A+G_Z)$	m_{red}	kg s^2/m
Federweg der Kupplungsfeder	s	cm
Federkonstante der Kupplungsfeder	c_K	t/cm
Federkonstante der Kupplungsbefestigung	c_R	t/cm
wirksame Federkonstante wobei: $1/c' = 1/c_K + 1/c_R$	c'	t/cm
Eigenschwingungsdauer der Längsschwingung der Fahrzeuge gegeneinander	T_L	s
Eigenschwingungsdauer der Nickschwingungen des Zugwagens (Anhängers)(Nickschwingung d.i. Drehschwingung um Querachse)	T_{NZ} (T_{NA})	s
Zeitabstand der Erregerstöße	T_{Err}	s
Massenträgheitsmoment der gefederten Massen des Zugwagens (Anhängers) um die Querachse	J_Z (J_A)	kg m s^2
Federkonstante der Achsfederung des Zugwagens (Anhängers)	c_Z (c_A)	t/cm
Höhe des Schwerpunktes der gefederten Massen des Zugwagens (Anhängers) über Zugstangenachse	h_Z (h_A)	m
Radstände	a_Z, b, a_A	m
Höhe/Länge/Abstände der Unebenheiten	$H/L/w$	m

---

1. Obgleich nach DIN 7oo2o die Bezeichnung Anhängerzuggabel vorgesehen ist, wird hier gemäß dem Sprachgebrauch die Bezeichnung Deichsel verwendet; denn das Wort Zuggabel begünstigt die irrtümliche Vorstellung, daß die Verbindungsteile von Fahrzeugen nur oder vorwiegend Zugkräfte zu übertragen haben; so sind auch jetzt noch manche Kupplungsbefestigungsvorrichtungen (Schlußquerträger und besonders Verstrebungen) zur Aufnahme von Druckkräften weniger geeignet als zur Aufnahme von Zugkräften

2. Bezeichnung "reduzierte Masse" verwendet entsprechend WESTPHAL, Physikalisches Wörterbuch, 1952, S. 274; dort auch als "effektive Masse" bezeichnet

Forschungsberichte des Wirtschafts- und Verkehrsministeriums Nordrhein-Westfalen

Vorwort

Die Zuverlässigkeit der Verbindungsteile zwischen Zugwagen und Anhängern ist für die Verkehrssicherheit von Lastzügen sehr wichtig. In den letzten Jahren sind zahlreiche durch Brüche der Verbindungsteile, besonders der Kupplungsbefestigungsvorrichtungen, verursachte Unfälle mit zum Teil schweren Verlusten an Menschenleben und Sachwerten bekannt geworden. Nach der Häufigkeit der Brüche war zu schließen, daß die beanspruchenden Kräfte, die sogenannten Deichselkräfte, bei der Bemessung der Verbindungsteile nicht richtig eingeschätzt waren.

Um Klarheit über die Lastannahmen zu gewinnen, wurde untersucht, in welcher Größe und Häufigkeit die Deichselkräfte an Lastzügen der mittleren und schweren Nutzlastklasse im praktischen Fahrbetrieb auftreten, also von den Verbindungsteilen sicher schadenfrei ertragen werden müssen. Ferner wurde untersucht, durch welche technischen Daten von Fahrzeug und Fahrbahn die Deichselkräfte bestimmt sind.

Die folgenden Ausführungen geben einen Überblick über Zusammenhänge, Versuchsergebnisse und Folgerungen.

1. Die Kräfte in den Verbindungsteilen von Lastzügen, ihre Folgen

1.1 Allgemeines

Die Festigkeitsnachrechnung an mehreren schadhaften Kupplungsbefestigungsvorrichtungen [3] (Schlußquerträger und Verstrebung) und ein statischer Belastungsversuch an einem Lkw-Rahmen gebräuchlicher Bauart (Schlußquerträger von [-förmigem Querschnitt, Verstrebungen vom Schlußquerträger zu den Längsträgern des Rahmens) ergaben, daß die Kupplungsbefestigungsvorrichtung den gemäß üblicher fahrdynamischer Rechnung auftretenden beanspruchenden Kräften einschließlich der sogenannten Stoßzuschläge mit ausreichender Sicherheit gewachsen war; danach konnten ohne bleibende Verformung nicht nur diejenigen größten Überschußzugkräfte aufgenommen werden, die unter ungünstigster Lastverteilung auf Zugwagen und Anhänger bei der größtmöglichen Steigung und Beschleunigung auftreten und sich bei extrem hohem Anhänger-Rollwiderstand (z.B. Geländefahrt) einstellen, sondern es

---

3. Eine Kupplungsbefestigungsvorrichtung bekannter Bauart ist auf S. 5o, oben, dargestellt

ergaben auch diejenigen Zug- und Druckkräfte keine unzulässigen Beanspruchungswerte [4], die bei regelwidriger Fahrweise auftreten können (Beispiele: schroffstes Anfahren mit bei voll laufendem Motor plötzlich eingerückter Kupplung, schärfstes Bremsen bei falsch arbeitender Bremsanlage des Lastzuges wie z.B. bei voll wirkender Anhängerbremse bei aussetzender Zugwagenbremse). Solche - sozusagen statisch wirkende - Kräfte kommen, wenn überhaupt, nur sehr selten vor.

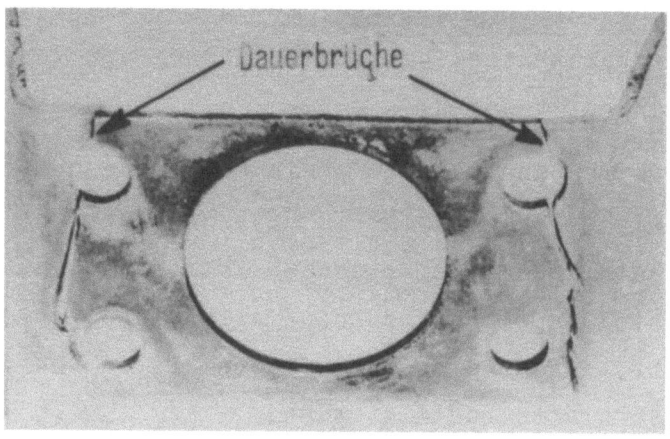

Abbildung 1a
Mittelstück der Verstrebung eines 3,5 t - Lkw Baumuster X Y.
Anhängerkupplung während der Fahrt abgerissen (Krefeld 1952, 4 Tote; ähnlicher Unfall München 1945, 12 Tote)

Abbildung 1b
Schlußquerträger eines 3,5 t - Lkw Baumuster Y Z.
Schlußquerträger vor Trennbruch ausgebaut

A b b i l d u n g   1
Gebrochene Teile der Kupplungsbefestigungsvorrichtung
von 3,5 t - Lastkraftwagen

---

4. Hierbei handelt es sich um die berechneten Nennspannungen, die nach einfachen Zusammenhängen (z.B. Kraft dividiert durch Querschnitt oder Biegemoment dividiert durch Widerstandsmoment) ermittelt werden ohne Berücksichtigung von etwaigen Spannungsanhäufungen

Forschungsberichte des Wirtschafts- und Verkehrsministeriums Nordrhein-Westfalen

Daß bei diesem Fragenbereich die herkömmliche statische Betrachtungsweise unzureichend ist, zeigten die Befunde von untersuchten Querträgern und Verstrebungen: die Risse hatten Dauerbruchaussehen; es handelte sich nicht um Gewalt-, sondern um (vermutlich meist von kleineren Anrissen ausgegangen) Ermüdungsbrüche, Abbildung 1. Werkstoffehler waren nicht erkennbar. Es bestätigte sich die Auffassung, daß nicht allein die statisch wirkenden größten Kräfte, sondern daß auch die durch Schwingungen hervorgerufenen dynamischen Beanspruchungen geringerer Höhe einen Einfluß auf die Haltbarkeit der Verbindungsteile von Lastzügen haben; es kommt also außer auf die Höchstwerte auch auf die Häufigkeit der während der Fahrt die Verbindungsteile beanspruchenden Kräfte an.

Bei den für die Verkehrssicherheit wichtigen Bemühungen, die Haltbarkeit der Verbindungsteile zu verbessern, sind zwei Möglichkeiten zu unterscheiden: 1) durch konstruktive oder betriebliche Maßnahmen optimale Deichselkräfte zu erreichen und 2) die Festigkeit der Verbindungsteile innerhalb der im Hinblick auf die Gesamtkonstruktion möglichen Grenzen zu erhöhen [5].

Im Sinne der erstgenannten Möglichkeit wurden bei der vorliegenden Arbeit die beanspruchenden Kräfte [6] nach der Größe und nach der Häufigkeit gemessen, und es wurde dabei untersucht, wie die beanspruchenden Kräfte von den technischen Daten und Betriebsbedingungen des Lastzuges abhängen, welche technischen Möglichkeiten also zur Verringerung der Deichselkräfte bestehen.

Die Messungen wurden an mehreren Lastzügen verschiedener Nutzlastklassen durchgeführt. Im folgenden wird über die Ergebnisse berichtet.

Die Ergebnisse einer zu Beginn der Arbeiten durchgeführten theoretisch-rechnerischen Behandlung des Schwingungsvorganges werden hier nicht mitgeteilt; es hat sich herausgestellt, daß der erforderliche Zeitaufwand sehr groß ist, und daß trotzdem sichere Ergebnisse nicht erwartet werden können. Denn es handelt sich beim fahrenden Lastzug weder um ein System,

---

5. Da sich herausgestellt hatte, daß die in Richtung der Wagenlängsachse wirkenden Kräfte um fast eine Zehnerpotenz größer sind als die quer dazu wirkenden horizontalen und vertikalen Kräfte, erstreckten sich die Messungen nur auf die Längskräfte; diese Kräfte werden in diesem Bericht als Deichselkräfte bezeichnet

6. Versuche zur Ermittlung der Festigkeit von Kupplungsbefestigungsvorrichtungen (Schlußquerträger, Verstrebung und dergleichen) sind vor kurzem im Institut des Verfassers angelaufen

das einmal angestoßen wird und dann freie Eigenschwingungen ausführt, noch um ein Gebilde, auf das von außen her Erregerkräfte von periodisch stets gleicher Größe und gleicher Frequenz einwirken. Wenngleich für die mathematische Behandlung einerseits die das Schwingungsbild bestimmenden technischen Daten der Fahrzeuge, gegebenenfalls nach gewissen experimentellen und rechnerischen Vorarbeiten, genügend zuverlässig erfaßt werden können, so müssen andererseits bezüglich der Erregerkräfte so stark vereinfachende Annahmen getroffen werden, daß die Vielgestaltigkeit der Fahrbahnunebenheiten (Höhe, Länge, Profil, Abstand) und ihre Einflüsse auf die Vertikalschwingungen der Fahrzeuge nicht erfaßt werden. Auf rechnerischem Wege wird man jedenfalls nicht zu Häufigkeitswerten für die Deichselkräfte gelangen können.

Die experimentelle Untersuchung ist also einfacher und zuverlässiger. Die angestellten theoretischen Überlegungen ließen aber erkennen, welcher Art das Schwingungssystem ist, und welche Änderungen der fahrzeugseitigen und fahrbahnseitigen Versuchsbedingungen Einfluß auf Größe und Häufigkeit der Deichselkräfte haben; dementsprechend wurden die Versuche durchgeführt. Im übrigen erbrachte die theoretische Untersuchung in manchen Fällen eine Abschätzung der Größe gewisser Einflüsse, so z.B., daß der Einfluß der Nickschwingungen der Fahrzeuge groß ist, wie es auch die Messungen ergaben.

1.2 Das Schwingungssystem und die verschiedenen Einflüsse

1.21 Koppelung der Längsschwingungen des Lastzuges mit den Nickschwingungen von Zugwagen und Anhänger

Das Schwingungsgebilde: Zugwagen - Anhängerkupplung - Anhänger ist in Abbildung 2 sehr vereinfacht dargestellt; die Fahrzeuge des Lastzuges führen gekoppelte Schwingungen aus.

Dieses vereinfacht gedachte Zweimassensystem [7] nur in Bezug auf die Längsschwingungen zu betrachten, würde der Wirklichkeit nicht gerecht; denn

---

7. Das Schwingungsgebilde ist in Wirklichkeit ein Vielmassensystem: Wenn z.T. auch mit geringem Einfluß, so sind doch alle Federungen der Fahrzeuge (z.B. Achsmassen gegen sogenannte gefederte Massen, Federung der Achsmassen durch Reifen, Bewegung Aufbau gegen Fahrgestellrahmen und andere Einflüsse, wie starre oder nachgiebige Lagerung des Ladegutes auf dem Aufbau, Beschaffenheit des Ladegutes in sich: starr, Schüttgut, Omnibus, Tankwagen) an Entwicklung und Verlauf der gekoppelten Schwingungen beteiligt. Das trifft grundsätzlich auch für die Biegeschwingungen der Rahmenlängsträger, wenn sie sehr lang sind, zu

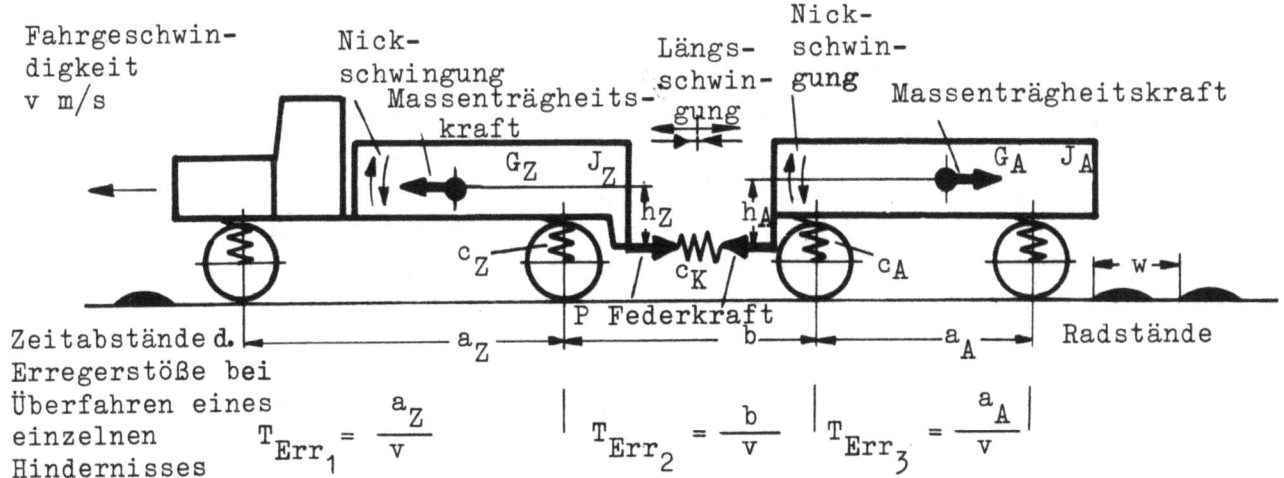

Abbildung 2

Lastzug als Zweimassenschwinger mit 3 gekoppelten Freiheitsgraden

Bemerkungen:

1) Schwingungsdauer:
   Zugwagen-Nickschwingung T_{NZ} abhängig von J_Z, a_Z, c_Z
   Anhänger-Nickschwingung T_{NA} abhängig von J_A, a_A, c_A
   Längsschwingung d. Fahrzeuge T_L abhängig von m_{red}, c_K, c_R
   Erregerstoßfolge T_{Err} abhängig von v, a_Z, b, a_A, w

2) Momente $P \cdot h_Z$ und $P \cdot h_A$ koppeln Längs- und Nickschwingungen

3) Die übrigen Freiheitsgrade werden, da weniger wichtig, nicht berücksichtigt

4) $$m_{red} \cdot g = \frac{G_Z \cdot G_A}{G_Z + G_A}$$

Abbildung 2a

Ersatzbild des Lastzuges als einfacher Zweimassenschwinger (ohne Vertikalfederung) führt zu Fehlschlüssen, weil die Koppelung zwischen Längs- und Nickschwingungen nicht berücksichtigt ist

selbst auf einer Fahrbahn von vollkommener Ebenflächigkeit treten z.B. am Zugwagen Bewegungen auf, die durch die Reaktionsmomente beim Antrieb und beim Bremsen verursacht werden. Diese Momente verursachen Nickschwingungen und dazu Hubschwingungen, die beide, und zwar in stärkerem Maße, am Zugwagen und am Anhänger auch durch Fahrbahnunebenheiten hervorgerufen werden.

Nickschwingungen entstehen ferner bei dem dargestellten System zusätzlich durch Längsschwingungen: Tritt durch einen Erregerstoß, der z.B. durch das Anfahren der Vorderräder des Anhängers gegen ein Hindernis entsteht, eine Längsschwingung der Fahrzeuge gegeneinander mit entsprechender Federkraft auf, so wirkt auf jedes Fahrzeug ein Drehmoment durch das Kräftepaar: Federkraft (gleich Massenträgheitskraft) mal zugehörigem Hebelarm (am Zugwagen Hebelarm h_Z, am Anhänger Hebelarm h_A); dadurch werden an beiden Fahrzeugen Nickschwingungen verursacht. Die Federkraft beschleunigt die Fahrzeuge relativ zueinander.

Die Schwingungsenergie einer Längsschwingung des Lastzuges wird also (teilweise) umgesetzt in Schwingungsenergie der Nickbewegung der Fahrzeuge; umgekehrt regen die Nickschwingungen, die bei schlechter Fahrbahn recht groß werden können, Längsschwingungen an. Es liegt also eine Koppelung zwischen Längs- und Nickschwingungen vor. Infolge der Nickschwingungen kommen also noch in Größe und Richtung wechselnde Deichselkräfte zu der zur Überwindung des Anhängerfahrwiderstandes nötigen (sozusagen statischen) Deichselkraft und zu den primären Längsschwingungskräften (Ursache: Horizontalkomponenten der Fahrbahnstöße) hinzu. Die beim Überfahren einer Unebenheit auftretenden Horizontalkomponenten der Erregerstöße bewirken in den Verbindungsteilen, je nachdem ob die Räder des Zugwagens oder die Räder des Anhängers die Unebenheit anfahren, beim Anstoß Druckkräfte oder Zugkräfte; der Richtungssinn des von ein und derselben Unebenheit herrührenden Erregerstoßes kehrt sich also scheinbar um. Der Schwingungsvorgang ist recht verwickelt.

Von besonderer Bedeutung ist für den Schwingungsvorgang das Verhältnis der (Eigen-)Frequenzen der Längsschwingung $(1/T_L)$, der Nickschwingung des Zugwagens $(1/T_{NZ})$ und der Nickschwingung des Anhängers $(1/T_{NA})$ zueinander. In den später noch zu besprechenden Kraftschrieben (z.B. Abb. 11 und 12) ist zu sehen, daß Schwingungen von kleinerer Schwingungsdauer in unregelmäßiger Folge mit Schwingungen von größerer Schwingungsdauer abwechseln; man erkennt, daß zeitweise die Schwingungsdauer der Längsschwingung oder die der Nickschwingung vorherrscht.

1.22 Erregerstöße durch Fahrbahnunebenheiten

Neben dem Verhältnis der genannten drei Eigenschwingungszeiten zueinander ist die Erregerstoßfolge auf den Schwingungsvorgang von Einfluß. Je nachdem wie groß der Zeitabstand der Erregerstöße (T_{Err}) im Verhältnis zu den drei Eigenschwingungszeiten des Lastzuges und wie die zeitliche Zuordnung ist, werden die gekoppelten Schwingungen aufgeschaukelt oder abgeschwächt oder im Grenzfall gelöscht.

Der Zeitabstand der Erregerstöße hängt ab

a) von der Fahrbahn: Abstand w der Unebenheiten (Fahrbahnerhöhungen und -vertiefungen),

b) vom Lastzug: Radstände von Zugwagen (a_Z) und Anhänger (a_A) sowie Abstand zwischen letzter Zugwagen- und vorderer Anhängerachse (b),

c) von der Fahrgeschwindigkeit V.

Die Größe der Erregerstöße hängt ab

a) von der Fahrbahn: Höhe und Profil der Unebenheiten,

b) vom Lastzug: Federungseigenschaften der Fahrzeuge (Bereifung, Wagenfedern, Stoßdämpfer, Größe der sogenannten gefederten und ungefederten Massen, Massenträgheitsmomente um die Querachsen), Raddurchmesser,

c) von der Fahrgeschwindigkeit V.

1.23 Zusammenfassung der Einflußgrößen

Der Schwingungsvorgang des in Abbildung 2 vereinfacht dargestellten Systems: Zugwagen - Kupplungsfeder - Anhänger und damit die Deichselkräfte werden also bestimmt durch:

1) Die gegenseitige Lage von:

a) Zeitabstand der Erregerstöße: T_{Err} (Einflußgrößen: Abstände der Fahrbahnunebenheiten, Radstände und Fahrgeschwindigkeit) [8]

b) Eigenschwingungsdauer der Längsschwingungen: T_L (Einflußgrößen: Reduzierte Masse des Lastzuges, Federcharakteristik der Kupplung; die Elastizitäten der anderen an der Deichselkraftübertragung beteiligten und anderer längsschwingender Fahrzeugteile sind nach den Meßergebnissen so gut wie ohne Einfluß),

---

8. Die Erregerfrequenz ändert sich im Fahrbetrieb sehr; sie kann alle Werte zwischen Null und einem Größtwert annehmen, der durch den (kleinsten) Abstand der Fahrbahnunebenheiten und durch die (größte) Fahrgeschwindigkeit gegeben ist

c) Eigenschwingungsdauer der Nickschwingungen des Zugwagens: T_{NZ} (Einflußgrößen: Trägheitsmoment der gefederten Massen des Zugwagens um Querachse gegebenenfalls einschließlich Nutzlast, Federcharakteristik von Reifen und Wagenfedern; auch der Radstand ist von Einfluß),

d) Eigenschwingungsdauer der Nickschwingungen des Anhängers: T_{NA} (Einflußgrößen wie vor).

2) Die Größe der Erregerstöße [9],

3) Die zeitliche Zuordnung der Erregerstöße zu den Längs- und Nickschwingungen,

4) Die Höhe des Schwerpunktes der gefederten Massen über der Kupplung: h_Z, h_A,

5) Andere Einflüsse von geringerer Bedeutung.

In dem Verzeichnis der Zeichen sind die wichtigsten und erfaßbaren Einflußgrößen angegeben.

Von diesen fahrzeugtechnisch und fahrbahnseitig gegebenen Einflußgrößen wurden bei den Versuchen diejenigen geändert, die im praktischen Fahrbetrieb mit verschieden großen Werten auftreten und deren Veränderung wichtigere Aufschlüsse erwarten ließ; für weniger wichtig gehaltene Nebeneinflüsse wurden nicht untersucht.

2. Das Meßverfahren

2.1 Versuchsanordnung

2.11 Die Versuchsstrecken

Bei der vorliegenden Untersuchung wurden, um witterungsbedingte Einflüsse auszuschalten, Messungen nur auf befestigten Fahrbahnen (Pflaster, Beton, Asphalt, Bitumen) ausgeführt, insgesamt auf 14 Versuchsstrecken verschiedener Beschaffenheit [10].

Nach üblicher Beurteilung werden diese Strecken als gut, mäßig gut, schlecht und sehr schlecht angesprochen. Als schlecht (sehr schlecht)

---

9. Obgleich die Richtung der Erregerstöße stets die gleiche ist, bewirken sie je nach der Stelle, an der sie angreifen (Zugwagen- oder Anhängerräder), in den Verbindungsteilen Druck- oder Zugkräfte; sie haben also scheinbar wechselnde Richtung (vgl. S. 12 mitte)

10. Siehe nächste Seite

werden Strecken bezeichnet, auf denen eine mäßige (starke) Verringerung der Fahrgeschwindigkeit zweckmäßig (unerläßlich) war. Abbildung 3 zeigt zwei Versuchsstrecken.

Autobahnzubringer Verlautenheide. Bei Tageslicht sind die teilweise mit Regenwasser gefüllten Schlaglöcher zu erkennen. Im Scheinwerferlicht sieht man die wellenförmigen Unebenheiten der gleichen Strecke, welche die Nickschwingungen der Fahrzeuge verursachen

Die Abbildung (Umleitung Aachen - Süsterfeld) zeigt die Schlaglöcher einer unbefestigten Straßendecke. Auf dieser Strecke wurden einige Sondermessungen durchgeführt

A b b i l d u n g 3

2 Versuchsstrecken

1o. Die Unebenheiten waren, wie bei fast allen Straßen, nach Höhe, Form und Abstand ziemlich unregelmäßig und nicht gleichmäßig über die Fahrbahnbreite verteilt. Jedoch ergaben sich bei Wiederholungen der Messungen auch ohne genaues Spurfahren nur kleine Streuungen (vgl. Abb. 3o/31). Bei einigen Strecken waren die Unebenheiten als sogenannte Schlaglöcher anzusprechen; schwerer Lastverkehr und Unterlassung der Ausbesserungsarbeiten hatten Teilzerstörungen der Fahrbahndecken zur Folge gehabt. Andere Strecken hatten langwellige Unebenheiten; auf derartigen Strecken, deren geodätische Unebenheiten manchmal nur klein waren, wurden besonders große Nickschwingungen beobachtet, die sehr große Deichselkräfte zur Folge hatten

Eine exakte Klassifizierung der Strecken, beispielsweise nach der Höhe der geodätischen Unebenheiten, wurde nicht für alle Strecken vorgenommen; lediglich für einige Vergleichszwecke wurden mit einem Unebenheitsmeßanhänger Messungen ausgeführt (Bewertung nach Stoßgrad in m/sec^2 und nach Unebenheitsgrad in m/km, das ist Summe der Fahrbahnunebenheiten je 1 km Meßstrecke). Es war nicht nötig, alle Strecken zu klassifizieren, weil die Größe der unter ungünstigsten Bedingungen auftretenden Deichselkräfte ermittelt werden sollte [11].

2.12 Lastzüge

Messungen wurden an mehreren Lastzügen durchgeführt; in diesem Bericht werden hauptsächlich die an den Lastzügen A bis D (Abb. 4) gewonnenen Versuchsergebnisse behandelt.

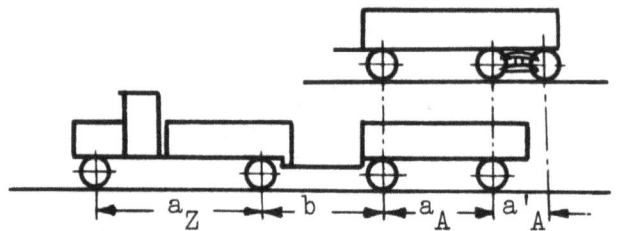

	Lastzug		Gewichte				Radstände				Bemerkung
	Nutzlast		Zugwagen		Anhänger		Zugwagen		Anhänger		
Bez.	Zug-wagen t	An-hänger t	Eigen-gewicht t	Gesamt-gewicht t	Eigen-gewicht t	Gesamt-gewicht t	a_Z mm	b mm	a_A mm	a'_A mm	
A	3,500	4,000	4,100	7,500	2,200	6,200	4013	3700	3040		Nutzlast: Eisenplatten von 500 und 1000 kg, festgelegt; je nach Versuchszweck gleichmäßig verteilt oder in besonderer Anordnung aufgebracht
B	4,000	4,000	3,700	7,700	2,200	6,200	4200	3900	3040		
C	8,000	11,500	8,200	16,200	4,500	16,000	5650	4400	4800		
D	8,000	17,600	8,200	16,200	6,400	24,000	5650	4400	4800	1340	
(E/M	7,800	11,500	6,854	14,654	4,500	16,000	5500	4350	4800)		

A b b i l d u n g 4

Die Versuchslastzüge

---

11. Die Klärung des Zusammenhanges zwischen Größe der Fahrbahnunebenheiten und Deichselkräften wäre Aufgabe einer besonderen Untersuchung im Hinblick auf die Wünsche der Kraftfahrtechnik nach fahrzeugschonenden Straßen, durch die auch am wirksamsten die dynamischen Achskräfte verkleinert werden können (vgl. Bericht des Verfassers "Fahrzeuggewichte - Bahnkräfte - Straßenschädigung", ATZ 1956, Heft 1 u.2, S.1/7 und 47/52)

2.13 Anhängerkupplungen

Es wurden Messungen mit Kupplungen von insgesamt 11 Baumustern ausgeführt. Abbildung 5 zeigt vereinfacht einige Bauarten. Die handelsüblichen Kupplungen hatten Ringfedern, Gummifedern oder Dosenfedern; bezüglich des Arbeitsvermögens bestanden beträchtliche Unterschiede. Es wurden außerdem federlose (starre) Kupplungen und auch dämpfungsfreie Schraubenfedern von verschiedener Federhärte verwendet; die Schraubenfedern wurden benutzt, um den Einfluß der Federhärte in weitem Bereich untersuchen zu können; sie wurden in handelsübliche Kupplungsgehäuse eingebaut.

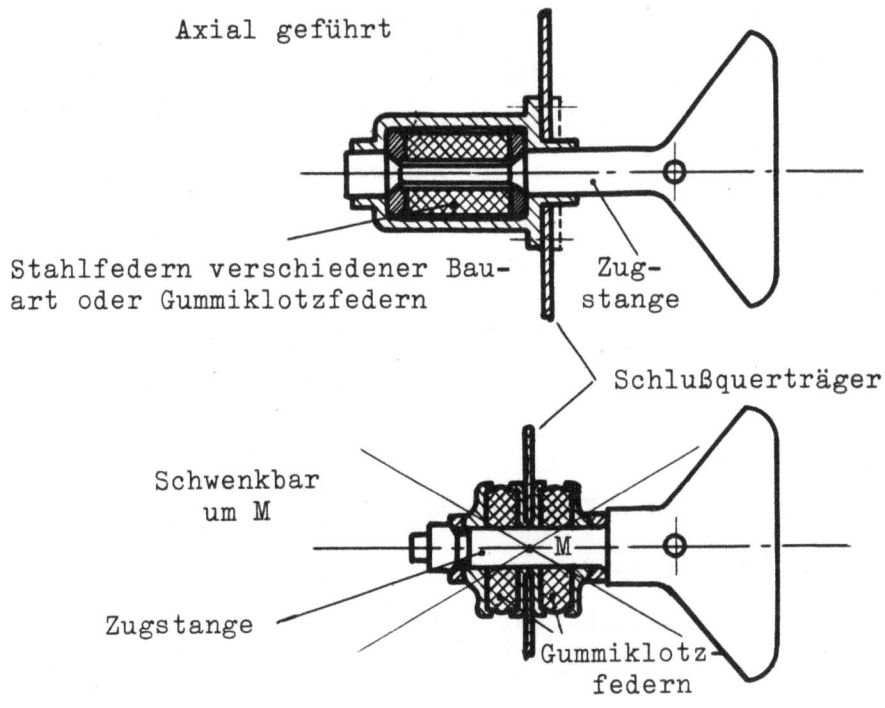

Abbildung 5
Anhängerkupplungen (vereinfachte Darstellung)

Das Grundsätzliche über Bau und Wirkungsweise von Anhängerkupplungen wird als bekannt vorausgesetzt; kennzeichnend ist für manche Kupplungsarten, wie z.B. Abbildung 5 oben, daß infolge besonderer Gestaltung von Zugstange, Druckplatten und Kupplungsgehäuse ein und dieselbe Feder zusammengedrückt wird sowohl durch von der Deichsel herkommende Zugkräfte als auch durch Druckkräfte.

Die Kupplungen sind in ihren Einbaumaßen genormt, DIN 74o51. Es gibt Kupplungen, die nur Längsfederung haben, vereinfacht dargestellt Abbildung 5 oben, und Kupplungen mit Längsfederung und zusätzlich Federung um einen (ideellen) Drehpunkt, schwenkbar nach allen Seiten, vereinfacht dargestellt in Abbildung 5 unten.

Die Befestigung der Anhängerkupplung am Rahmen ist als Beispiel in Abbildung 19 (S. 5o) dargestellt; die Kupplungsbefestigungsvorrichtung besteht aus dem Schlußquerträger und der Verstrebung.

2.14 Meßgeräte

Meßgeräte und Meßverfahren wurden ausgewählt unter folgenden Gesichtspunkten: Die den Schwingungsvorgang bestimmenden technischen Daten des Systems (z.B. wirksame Federkonstante c', Abstand zwischen Zugwagen und Anhänger, Deichselhöhe) sollten durch den Einbau der Meßgeräte nicht verändert werden; die Meßgeräte sollten statisch eichbar, einfach und auch über größere Laufstrecken betriebssicher sein; die Auswertung auch für größere Versuchsstrecken sollte leicht und rasch durchgeführt werden können; außerdem sollte der zeitliche Verlauf des Schwingungsvorganges aufgenommen werden.

Da sich nicht alle Forderungen mit einem Gerät erfüllen ließen, wurden folgende Verfahren und Geräte, je nach dem Versuchszweck, teils nebeneinander, teils einzeln verwendet.

2.141 Die Kupplungsfeder als Kraftmesser

Abbildung 6 links; dieses Verfahren ist nur bei gerader Federkennlinie ohne nennenswerte Dämpfung z.B. bei Schraubenfedern zweckmäßig [12]. Die Bewegungen der Zugstange im Kupplungsgehäuse (das sind in der Hauptsache die Bewegungen, welche die Fahrzeuge in Längsrichtung gegeneinander ausführen) wurden mit einem "Federwegschreiber" aufgezeichnet, der einen regelbaren Papiervorschub hat. Aus dem Schrieb ergaben sich über die Eichkurve der Kupplungsfeder die Deichselkräfte nach Größe und Häufigkeit. Wenn es sich nur um die Durchführung von Vergleichsversuchen handelt, ist die Verwendung der Kupplungsfeder als Kraftmesser auch in denjenigen Fällen zulässig, in denen die genannte Federkennung nicht vorhanden ist (Gerät a).

---

12. Für Meßzwecke die Federelemente handelsüblicher Kupplungen durch dämpfungsfreie Schraubenfedern mit etwa gleicher mittlerer Federkonstante zu ersetzen, hat sich in Vorversuchen als zulässig erwiesen; dabei hat sich gezeigt, daß die Federkennung in den praktisch in Betracht kommenden Bereichen keinen größeren Einfluß auf das Schwingungsverhalten des Systems hat, weil andere Einflüsse überwiegen

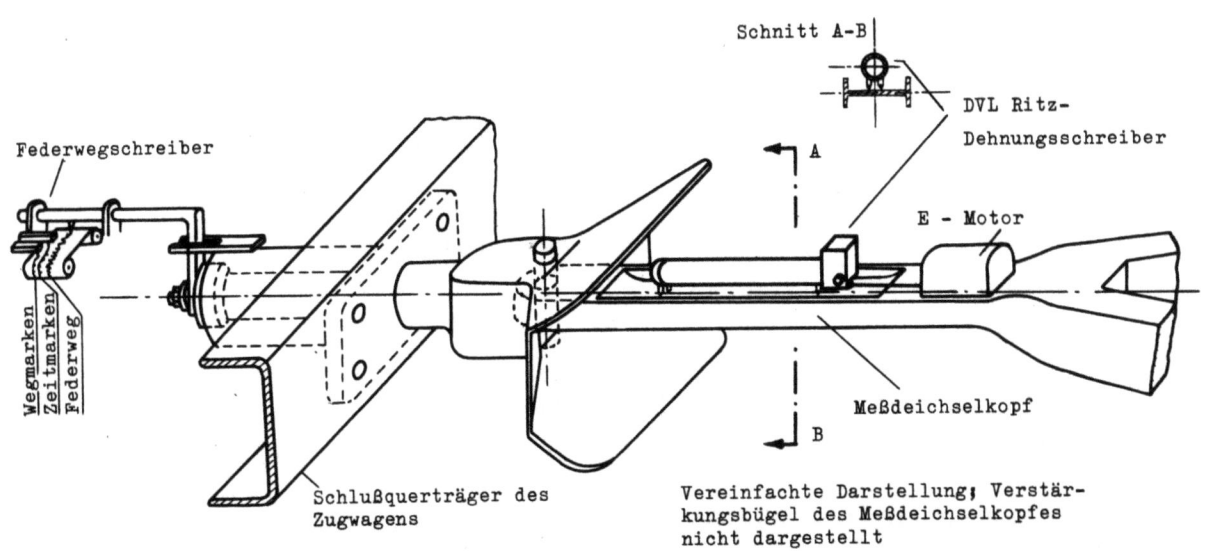

Abbildung 6
Federwegschreiber und DVL-Ritz-Dehnungsschreiber

2.142 Ritzdehnungsschreiber (Bauart DVL)

Abbildung 6 rechts; das Gerät wurde auf den Meßkopf einer Meßdeichsel nahe der neutralen Faser aufgesetzt, so daß es also auf die Deichsel wirkende Biegungskräfte nicht aufzeichnete. Die Meßlänge beträgt 200 mm; die Federhärte des Meßkopfes ist mit 270 t/cm so groß, daß keine unzulässige Beeinflussung des Schwingungsverhaltens des Lastzuges durch die Meßeinrichtung eintrat.

Bei späteren Versuchen wurde ein besonderer, mit verschiedenen Feinmeßgeräten ausgestatteter Meßkopf benutzt, der an den Deichseln beliebiger Anhänger befestigt und bei allen Kupplungen benutzt werden konnte; die dadurch bedingte Vergrößerung des Abstandes zwischen Zugwagen und Anhänger um rund 100 mm (Maß b in Abb. 2) wurde als unwesentlich hingenommen (Gerät b).

2.143 Der Schlußquerträger als Kraftmesser

mit vergrößerndem Schreibgerät; wegen der großen Hysteresis und wegen der Membranwirkung des Steges des Schlußquerträgers waren die Messungen nicht einwandfrei; sie konnten nicht für exakte Auswertungen verwendet werden (Gerät c).

2.144 Stufenkontaktgeber mit der Kupplungsfeder als Kraftmesser, soweit die Kupplungsfeder dafür geeignet war. Ein mit der Zugstange verbundener Stufenkontaktgeber (nur aufwärts, d.h. bei zunehmender Federbelastung, aber trotzdem auf Zug- und Druckkräfte ansprechend; Einstellung auf gewählte Zug- und Druckkraftstufen) arbeitete auf Zählwerke. Das Gerät war besonders für lange Meßstrecken geeignet; es zählte, wie oft bestimmte Kraftstufen im Bereich der Zug- und Druckkräfte erreicht oder überschritten wurden (Gerät d).

2.145 Dehnungsmeßstreifen und Oszillographen
wurden für Vergleichs- und Sonderzwecke verwendet (Gerät e).

2.146 Die Federwegschriebe (Gerät a, Papierstreifen) haben Zeit- und von einem geschleppten Kontaktrad gegebene Wegmarken. Die Ritzschriebe (Gerät b, Stahl- oder Glaszylinder) haben Zeit- oder Wegmarken. Auf beiden Schrieben können auf der Zeit- und Wegmarkenlinie bestimmte Streckenpunkte von Hand oder von auf der Strecke aufgestellten Gebern eingetastet werden.

Die Übereinstimmung in der Anzeige der Geräte a, b, d und e war gut; vergleiche z.B. Abbildung 7.

Um den Zusammenhang zwischen Längs- und Nickschwingungen zu klären, wurden bei einigen Sonderversuchen gleichzeitig mit den Kraftschrieben die Nickschwingungen des Anhängers mit einem Nickschwingungsschreiber aufgezeichnet.

Mit Beschleunigungsmessern wurden gelegentlich die Horizontal-Beschleunigungen in Fahrtrichtung gemessen, die von einer gewissen Größe an bisweilen von den Insassen als Zucken unangenehm empfunden werden [13] und für bestimmte Ladegüter schädlich sein können. Ebenfalls gleichzeitig mit Deichselkraftmessungen wurden einige torsiographische Messungen im Antrieb des Zugwagens durchgeführt.

2.2 Versuchsdurchführung

Die Länge der Meßstrecken wurde nach dem jeweiligen Versuchszweck gewählt: Für Langstreckenmessungen [14], die bis zu rund 900 km Streckenlänge durch-

---

13. Diese Längsschwingungen rufen nach Mitteilungen aus Fahrerkreisen u.U. starke Ermüdung hervor; im Interesse der Verkehrssicherheit sollten die Zusammenhänge näher untersucht und bei der Weiterentwicklung der Anhängerkupplungen berücksichtigt werden
14. Siehe nächste Seite

geführt wurden, hat sich der Stufenkontaktgeber bewährt; dabei wurden Zählwerks-Zwischenablesungen vorgenommen bei den Übergängen auf Streckenabschnitte mit anderer Ebenheit oder mit anderen kennzeichnenden Merkmalen.

Für charakteristische Streckenabschnitte wurde über einige hundert Meter gemessen. Beim Überfahren von wenigen dicht aufeinanderfolgenden Einzelhindernissen (z.B. kürzere Autobahnüberführungen) genügte für die Messungen rund 50 bis 100 m Länge. Bei (vor den Rädern abgeworfenen) Einzelhindernissen wurde gemessen über rund 50 m Länge. Auch die kürzesten Meßstrecken waren jeweils so lang, daß das Schwingungsbild in seiner vollen Entwicklung aufgenommen werden konnte.

Die kürzeren Meßstrecken wurden mit den angesetzten konstanten Geschwindigkeiten von Anfangs- bis Endmarke durchfahren. Auf den Langstrecken wurden - über Teilabschnitte möglichst gleichbleibende - Geschwindigkeiten entsprechend der angeordneten Fahrstufe (z.B. normale oder größtmögliche Fahrgeschwindigkeit) eingehalten.

Versuche mit vorhersehbaren unzumutbaren Beanspruchungen von Unfallcharakter, denen die Verbindungsteile nicht gewachsen sein können, wurden nicht ausgeführt. Es wurden aber trotzdem, wie es rauher Praxis entspricht, gelegentlich die zulässigen Beanspruchungsgrenzen weit überschritten; verdrillte Gelenkwellen und Brüche im Hinterachsantrieb waren die Folge. Die in Abbildung 17 angegebenen Höchstwerte sind jedoch ohne experimentelles Dazutun und nicht bei Gefahrenzuständen gemessen worden.

Abgesehen von den Langstrecken wurden die Meßstrecken je dreimal befahren. In den später gezeigten Häufigkeitskurven sind die Mittelwerte aus drei Meßfahrten dargestellt, soweit es nicht anders vermerkt ist wie z.B. bei den Spitzenwerten P_{max} und P_1; diese sind mit den tatsächlichen Meßwerten angegeben, auch wenn sie nur ein einziges Mal aufgetreten sind.

Trotz der befriedigenden Ermittlung der Deichselkräfte durch die Zählwerksapparatur und trotz der dabei einfachen Auswertung wurden, von Messungen

---

14. Die auf Wahrscheinlichkeitsüberlegungen beruhende Vermutung, daß bei Strecken gleicher Güteklasse auf einer Langstrecke vereinzelt größere Deichselkräfte auftreten als auf kürzeren Strecken, hat sich nicht als immer richtig erwiesen. Fahrbahnunebenheiten, die wegen erkannter anomaler Größe nicht in das Gütebild der befahrenen Strecke hineinpaßten, wurden ausgespart oder mit angemessen verringerter Geschwindigkeit befahren

auf Langstrecken abgesehen, die den Schwingungsverlauf registrierenden Geräte bevorzugt, weil die Schriebe durch den Einblick in den zeitlichen Verlauf der Schwingungsvorgänge wertvolle Erkenntnisse ermöglichten. Es ist z.B. recht aufschlußreich, daß es für die Schwingungsdauer in den Kraftschrieben in sehr vielen Fällen zwei bevorzugte Grenzwerte gibt.

Bei einigen Sonderversuchen wurden die Deichselkräfte beim Anschleppen von festgefahrenen Anhängern und bei absichtlich herbeigeführten großem Ungleichförmigkeitsgrad des Motors gemessen. Die Ergebnisse dieser Versuche sind in den Häufigkeitskurven nicht enthalten, jedoch bei der Ermittlung der während der Lebensdauer eines Lastzuges auftretenden Gesamtheit der Kräfte berücksichtigt. Dabei sind auch beim Anfahren und Bremsen aufgetretene Spitzenwerte erfaßt.

2.3 Auswertung

2.31 Federweg- und Ritzdehnungsschriebe, Zählwerke

Die Schriebe wurden ausgewertet nach Amplituden, Frequenzen und zeitlichem Verlauf. Sie wurden im Bedarfsfall über die Wegmarken in Beziehung zur Strecke gesetzt (geortet); bei Messungen auf der gleichen Strecke war in vielen Fällen eine Ortung nicht nötig, weil markante Unebenheiten in den Schrieben deutlich erkennbar waren.

Abbildung 7 zeigt zwei aus Vergleichsgründen gleichzeitig mit Federweg- und Ritzdehnungsschreiber aufgenommene Schriebe [15]; da die Kennlinie der verwendeten Kupplungsfeder eine Nullpunktsgerade ist und die Formänderung der Meßdeichsel stets unterhalb der Elastizitätsgrenze liegt, ist die Ähnlichkeit der Schriebe [16] gut. Die Schriebe lassen den Schwingungsverlauf gut erkennen.

Auf den ersten Blick wirken die Schwingungsbilder unruhig; dies ist wegen der teils gleichsinnig, teils gegeneinander wirkenden zahlreichen Einflüsse (z.B. Nickschwingungen von Zugwagen und Anhänger phasenverschoben und nicht frequenzgleich), besonders auch infolge der hinsichtlich Größe, Form und Abstand unregelmäßigen Fahrbahnunebenheiten nicht anders zu erwarten.

---

15. Die Aufzeichnung der Druckkräfte nach oben ist gerätebedingt
16. Eine kleine Verzerrung liegt beim Ritzschrieb vor wegen des kreisbogenförmigen Schreibstiftweges. Der Schreibstift des Federwegschreibers hat hingegen Parallelführung; er schreibt daher ohne Verzerrung

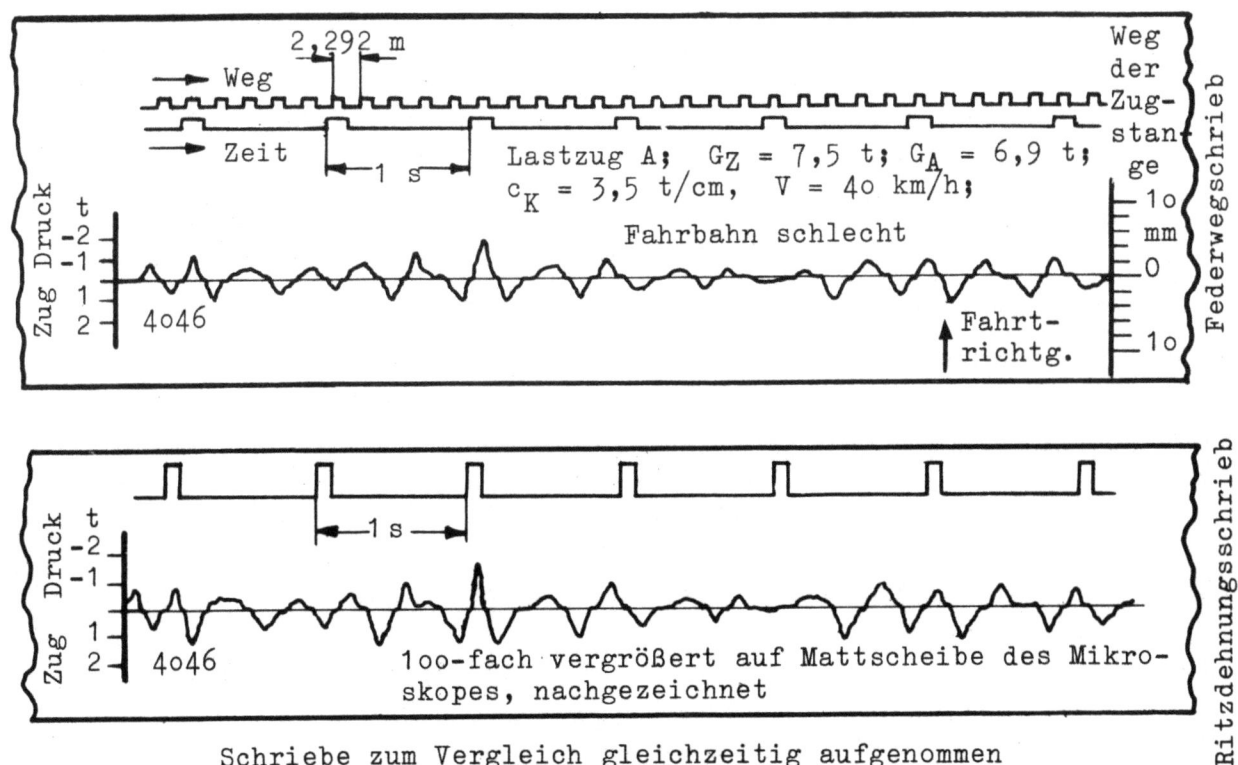

Abbildung 7
Federwegschrieb und Ritzdehnungsschrieb

Weitgehend periodische Schwingungsschriebe haben sich nicht sehr häufig ergeben; bevor sich eine Schwingung klar entwickeln konnte, sind störende Einflüsse aufgetreten, vornehmlich infolge der Unregelmäßigkeit der Abstände der Fahrbahnunebenheiten.

In den Schrieben ist teils die Längsschwingungsdauer (T_L), teils eine Nickschwingungsdauer (T_N) zu erkennen; eine konstante Schwingungsdauer ist nur selten vorhanden, weil je nach den von der Fahrbahn herrührenden Erregerstößen die Längs- oder die Nickschwingungen das Schwingungsbild bestimmen [17]. Die Schwingungsdauer bewegt sich meist zwischen zwei Grenzwerten.

Die kleinen Stufen in der Nullinie entstehen, wenn beim Kraftwechsel (Übergang von Zug auf Druck oder umgekehrt) das Ösenspiel vom Kupplungsbolzen oder wenn ein anderes etwa in der Kraftübertragung vorhandenes Spiel durchlaufen wird [18].

---

17. Auf die scheinbaren Schwebungen sei aufmerksam gemacht ohne weitere Erklärungen an dieser Stelle; vergleiche Seite 32
18. Siehe Seite 24

Ohne weitere Auswertearbeit werden die Ergebnisse bei Verwendung der Zählwerksapparatur gewonnen.

2.32 Häufigkeitskurven

Um die auftretenden Kräfte nach Größe und Häufigkeit über längere Strecken erfassen und zum Vergleich einfach darstellen zu können, wurden die Deichselkraftschriebe mit verschiedenen Hilfsgeräten nach Kraftstufen ausgemessen und ausgezählt; die so ermittelten Werte wurden ebenso wie die Werte aus den Zählwerksmessungen zu Häufigkeitskurven zusammengestellt, wie in Abbildung 8 veranschaulicht.

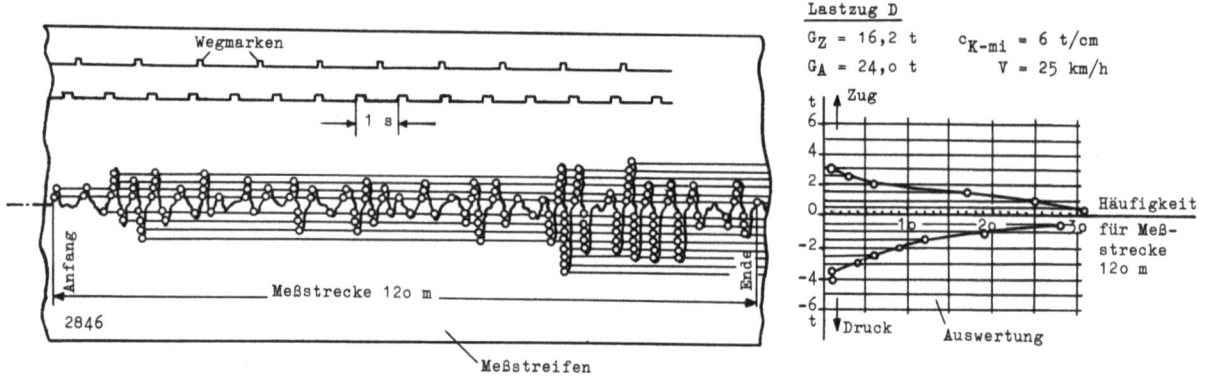

A b b i l d u n g 8
Auswertung eines Schwingungsschriebes nach Kraftstufen

Die Häufigkeitskurven sind eine brauchbare Bewertungsgrundlage für die Schwingungsverursachung durch die Fahrbahn und für das schwingungstechnische Verhalten des Lastzuges; sie lassen z.B. erkennen, inwieweit für die vorliegenden Betriebsbedingungen die Deichselkräfte von den Federungseigenschaften der Anhängerkupplungen abhängen. Die Häufigkeitskurven sind auch für die Betrachtungen über Wechselfestigkeit und Belastungskollektiv wichtig. Die Häufigkeitskurven sind für den Lastzug A (Abb. 9 und 12) und für

---

18. Nach DIN 74051 und 74054 beträgt das Ösenspiel 2 mm; durch Verschleiß von Bolzen und Büchse kann das Ösenspiel Werte von 4 bis 6 mm und mehr erreichen. Vergrößertes Spiel in der Kraftübertragung macht sich in den Deichselkraftschrieben durch breitere Stufen in der Nullinie bemerkbar. Durch diese Stufen ist auch dann, wenn sich etwa der Registrierstreifen seitwärts verschiebt, die Nullinie stets gesichert; das ist für das Auswerten angenehm

die Lastzüge C, D und E (Abb. 13, 24 und 31) aus Vergleichsgründen in einheitlichem Maßstab gezeichnet.

2.33 Kennzeichnende Werte der Deichselkräfte P_1 und P_{max}

Kennzahlen, die sowohl eine Aussage über die absolute Größe der höchsten Deichselkräfte machen als auch die Form der Häufigkeitskurve erfassen würden und so z.B. einen bewertenden Vergleich verschiedener Anhängerkupplungen oder eine Beurteilung des Einflusses von Änderungen der Betriebsbedingungen, z.B. des Gewichts des Lastzuges und der Einzelfahrzeuge ermöglichen könnten, wären sehr erwünscht als Ersatz für die Häufigkeitskurven; es konnte jedoch keine voll befriedigende Kennzahl [19] ermittelt werden.

Deshalb wurden, soweit nicht für besondere Betrachtungen die Häufigkeitskurven zum Vergleich dienten, den Schrieben oder Häufigkeitskurven zwei Höchstwerte der Deichselkräfte als kennzeichnende entnommen: P_1 und P_{max}

Mit P_1 wird die größte Deichselkraft (Zugkraft oder Druckkraft) bezeichnet, die auf einer bestimmten Meßstrecke bei bestimmten Werten für Fahrgeschwindigkeit und Zustand des Lastzuges (z.B. Belastung und Lastverteilung, Anhängerkupplung) gemessen worden ist.

P_{max} hingegen ist die größte Deichselkraft, die bei einem beliebigen, aber definierten Zustand des Lastzuges auf den Meßfahrten unter irgendwelchen Betriebsbedingungen, also im gesamten untersuchten Belastungs- und Geschwindigkeitsbereich auf Fahrbahnen aller Art, als Maximum, d.h. als größter überhaupt vorgekommener Wert ermittelt worden ist.

Diese Einzelwerte sind die Höchstwerte der Festigkeitsansprüche an die Verbindungsteile, die auf den Meßfahrten von insgesamt rund 15 000 km festgestellt worden sind.

3. Versuchsergebnisse

In den Abbildungen 9 bis 16 sind die Ergebnisse von Meßfahrten dargestellt, die bei Veränderung folgender für wichtig gehaltener Versuchsbedingungen durchgeführt worden sind: Fahrbahnzustand, Fahrgeschwindigkeit, Belastung und Lastverteilung auf Zugwagen und Anhänger, Federcharkteristik der Kupplung. Aus den Ergebnissen einer sehr großen Zahl von Meßfahrten mit den

---

19. Vergleiche auch Abschnitt 3.4

Forschungsberichte des Wirtschafts- und Verkehrsministeriums Nordrhein-Westfalen

beschriebenen Lastzügen der mittleren und schweren Gewichtsklasse sind einige kennzeichnende für die Darstellungen ausgewählt worden [20].

3.1 3,5 t-Lkw mit 4 t-Anhänger (Lastzug A)

3.11 Fahrbahn

Abbildung 9 zeigt die bei V = konst = 40 km/h auf Strecken verschiedener Ebenheit ermittelten Deichselkräfte nach Größe und Häufigkeit, bezogen auf 1 km Fahrstrecke.

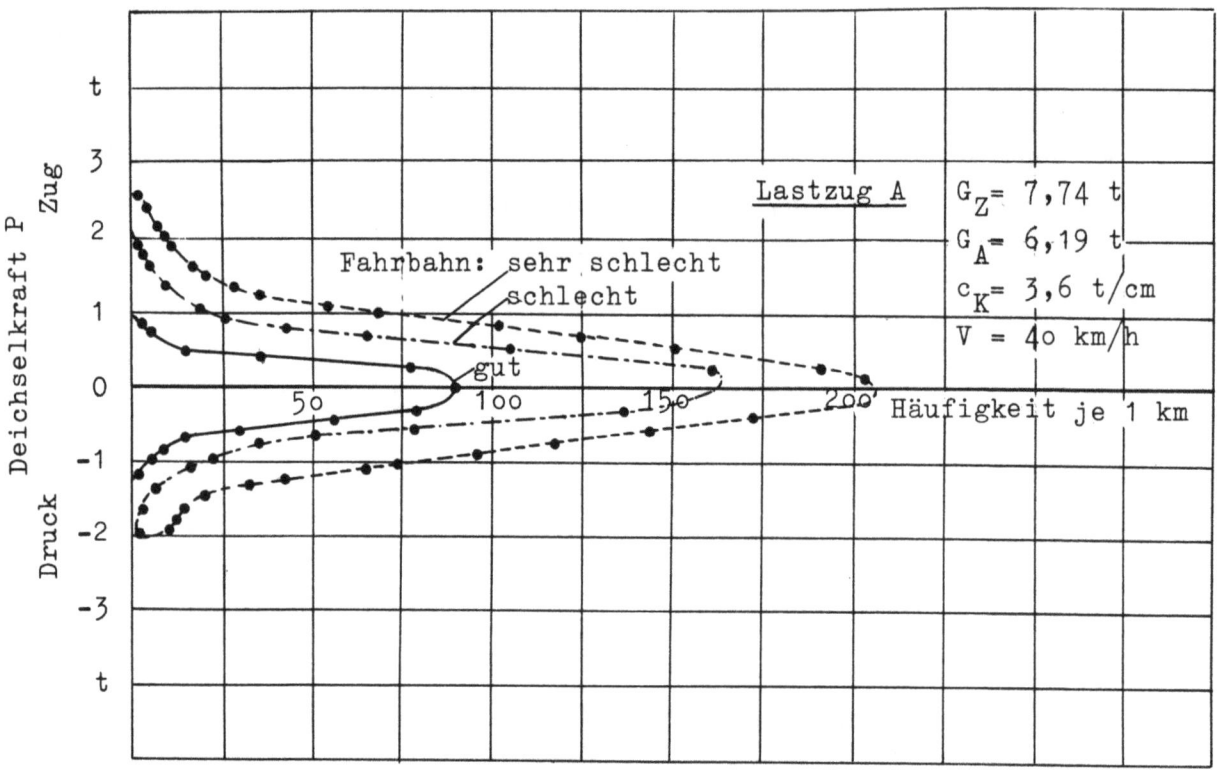

A b b i l d u n g   9
Einfluß der Fahrbahnbeschaffenheit auf die Deichselkräfte
Häufigkeitskurven

Auf guter Fahrbahn mit nur wenigen und kleinen Unebenheiten sind die Erregerstöße selten und klein; deshalb kommen auf ihr Deichselkräfte nur in geringer Größe und Häufigkeit vor. Auf sehr schlechter Fahrbahn mit vielen

---

20. Einzelergebnisse, die für die Verkehrssicherheit wichtig erschienen, wurden den Herstellerfirmen laufend mitgeteilt; einige daraufhin durchgeführte Änderungen stellten sich als vorteilhaft heraus

und/oder großen Unebenheiten treten die Erregerstöße häufiger und größer auf; so entstehen große Deichselkräfte mit großer Häufigkeit.

Die bei den Vergleichsversuchen Abbildung 9 auf der sehr schlechten Fahrbahn durchgehaltene Geschwindigkeit von 40 km/h entsprach rauher Fahrweise; auf der guten Fahrbahn wäre eine höhere Geschwindigkeit als 40 km/h möglich gewesen.

Der Einfluß der Fahrbahnbeschaffenheit ist sehr groß. Die Größe der Deichselkräfte ist aber nicht allein durch die Größe der geodätischen Unebenheiten bestimmt; der Umstand, daß die Abstände der Unebenheiten bei einer bestimmten Geschwindigkeit eine Erregerstoßfolge ergaben, die im Resonanzgebiet des Schwingungssystems Lastzug liegt, war oft von größerem Einfluß auf die Deichselkraft als das Höhenmaß der Unebenheiten. Es ist bemerkenswert, daß auch auf guter Fahrbahn, wenn auch nicht sehr häufig, Wechselkräfte von rund 1 t auftreten.

In einer weiteren Versuchsreihe wurden die Fahrgeschwindigkeiten dem Fahrbahnzustand angepaßt: Die sehr schlechte Fahrbahn wurde, wie es der gute Fahrer im praktischen Fahrbetrieb tut, mit herabgesetzter Geschwindigkeit (25 km/h) befahren; für die schlechte Fahrbahn waren V = 40 km/h angemessen; auf der guten Fahrbahn wurde V = 50 km/h gewählt. Bei der herabgesetzten Geschwindigkeit von 25 km/h waren auf der sehr schlechten Fahrbahn die Deichselkräfte nicht größer als bei V = 40 km/h auf der schlechten Fahrbahn. – Durch verständige Fahrweise ist also unter den vorliegenden Versuchsbedingungen eine erhebliche Verringerung der Deichselkräfte erreicht, d.h. der nachteilige Einfluß der Fahrbahnunebenheiten ist durch Ermäßigung der Fahrgeschwindigkeit kompensiert worden. Das wird vielfach so sein, wenn es auch aus später genannten Gründen nicht immer so sein muß.

3.12 Fahrgeschwindigkeit und Belastung

Man ist geneigt, bei dem vorliegenden, vereinfacht gedachten Schwingungsgebilde überlegungsgemäß bei bestimmtem, gleichen Abstand der Unebenheiten mit steigender Geschwindigkeit anwachsende Deichselkräfte, bei einer bestimmten Geschwindigkeit infolge von Resonanzerscheinungen Höchstwerte und gegebenenfalls bei weiterer Steigerung der Geschwindigkeit wieder kleinere Deichselkräfte zu erwarten.

Eine Änderung der Geschwindigkeit hat aber nicht immer den gleichen Einfluß auf die Deichselkräfte. Maßgebend ist nämlich, ob bei Änderung der

Forschungsberichte des Wirtschafts- und Verkehrsministeriums Nordrhein-Westfalen

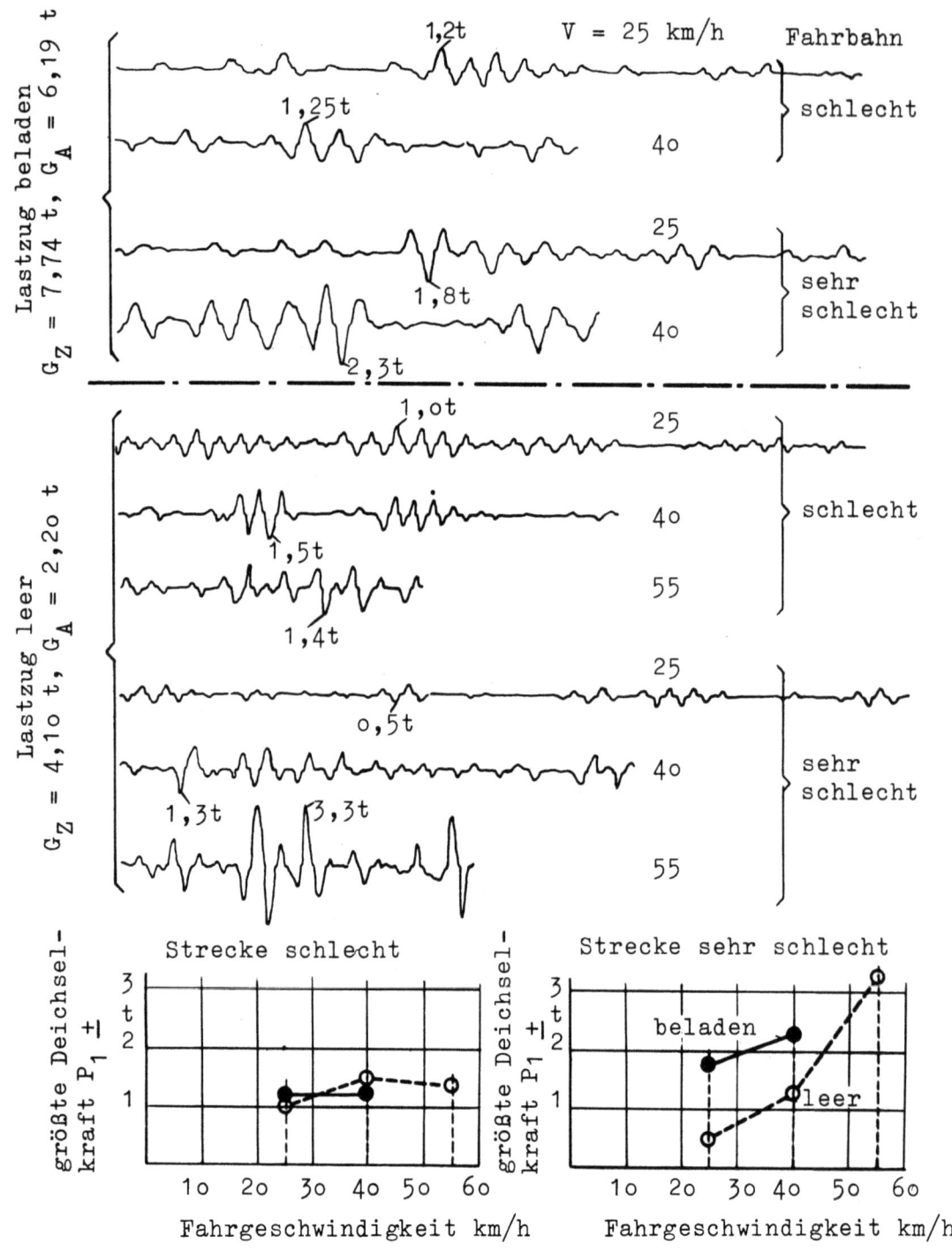

A b b i l d u n g 1o

Einfluß der Fahrgeschwindigkeit und der Beladung auf die Deichselkräfte beim Lastzug A

Fahrgeschwindigkeit der Zeitabstand der Erregerstöße T_{Err} näher an ein Resonanzgebiet des Schwingungsgebildes heranrückt oder nicht. Da T_{Err} außer von der Fahrgeschwindigkeit auch von dem Abstand der Fahrbahnunebenheiten abhängt, wirkt sich eine Geschwindigkeitsänderung bezüglich der

Annäherung an das resonanzbedingte Maximum auf der einen Fahrbahn anders aus als auf einer anderen Fahrbahn mit anderen Abständen der Unebenheiten (s. Abb. 1o unten). Wie sich eine Geschwindigkeitsänderung auswirkt, hängt außerdem von den das Schwingungsverhalten des Systems bestimmenden technischen Daten der Fahrzeuge ab: Je nach den Eigenschwingungszeiten der Längs- und Nickschwingungen, nach den Radständen usw. wird auf der gleichen Fahrbahn der eine Lastzug auf eine Geschwindigkeitsänderung anders ansprechen als andere Lastzüge. Sogar beim gleichen Lastzug auf der gleichen Strecke kann, weil sich die Eigenschwingungsdauern (T_L, T_{NZ}, T_{NA}) je nach Größe und Verteilung der Nutzlast ändern, der Einfluß einer Geschwindigkeitsänderung verschieden sein.

Mit zunehmender Geschwindigkeit nimmt die Häufigkeit der Lastwechsel je km Fahrstrecke ab, weil die Zeit zum Durchfahren der Streckenlänge kleiner wird und weil die Längsschwingungsdauer T_L geschwindigkeitsunabhängig ist. Diese geschwindigkeitsbedingte Änderung der Lastwechselhäufigkeit ist von einer gewissen Bedeutung für die späteren Betrachtungen über die Gesamtheit der Kräfte während der Lebensdauer des Lastzuges.

Abbildung 1o zeigt einige mit dem Lastzug A bei verschiedenen Geschwindigkeiten und verschiedenen Lastzuständen auf schlechter und sehr schlechter Fahrbahn aufgenommene Schriebe. Der Geschwindigkeitseinfluß ist beim beladenen Lastzug anders als beim leeren Lastzug.

Die Auswertung der Schriebe von Abbildung 1o zeigt, daß der Geschwindigkeitseinfluß auf die Deichselkräfte auf der mäßig schlechten Fahrbahn recht klein, hingegen auf der sehr schlechten Fahrbahn, besonders beim leeren Lastzug sehr groß war; das ist wahrscheinlich auf die erwähnten Resonanzbedingungen zurückzuführen. Es hat sich in so gut wie allen Fällen herausgestellt, daß der Geschwindigkeitseinfluß umso größer ist, je schlechter der Fahrbahnzustand ist [21].

---

21. Analog hierzu ist bei Untersuchungen über die Größe der dynamischen Radkräfte (sog. Bahnkräfte) festgestellt worden, daß der Geschwindigkeitseinfluß auf schlechten Fahrbahnen viel größer ist als auf guten oder mäßig schlechten Fahrbahnen. Es hat sich gezeigt, daß die größten Bahnkräfte nicht immer bei der höchsten Geschwindigkeit auftreten; bei hohen Geschwindigkeiten werden u.U., wie es bisweilen ausgedrückt wird, die Unebenheiten mehr von den Reifen und Wagenfedern geschluckt

3.13 Kupplungsfeder

Nach den schwingungstechnischen Überlegungen ist zu erwarten, daß die Federhärte der Kupplungsfeder bei sonst gleichen Versuchsbedingungen von beträchtlichem Einfluß auf das Kräftespiel zwischen Zugwagen und Anhänger ist; andererseits aber ist zu vermuten, daß dieser Einfluß von sonstigen Bedingungen wie z.B. Fahrbahnzustand und Fahrgeschwindigkeit überdeckt werden kann.

Deshalb wurden zur Klärung der Frage, welche Kupplungsfeder die geringsten Deichselkräfte ergibt, Vergleichsversuche mit den Federn A bis E (Federkonstanten c_K = 2,6; 3,5; 4,2; 5 t/cm; c_R = 19 t/cm; Federkennlinien Nullpunktsgerade) und mit zahlreichen handelsüblichen Kupplungsfedern von verschieden großem Arbeitsvermögen unter mannigfachen, aber für alle Federn gleichen Versuchsbedingungen, d.h. bei mehreren Fahrbahnzuständen, bei verschiedenen Lastzuständen und bei verschiedenen Werten für die Erregerzeitfolge T_{Err}, d.h. bei verschiedenen Geschwindigkeiten durchgeführt.

Einige dabei mit dem Ritzschreiber auf der Meßdeichsel aufgenommene Schriebe sind als Beispiele in Abbildung 11 oben wiedergegeben. Danach ist für diese Versuchsbedingungen der Einfluß der Federkennlinie der Anhängerkupplung auf die Schwingungskräfte nicht sehr groß [22]; sie bestimmt auch nicht allein die Schwingungsdauer. Für die späteren Betrachtungen über die Gesamtheit der Kräfte während der Lebensdauer eines Lastzuges ist auch die Schwingungsdauer von Bedeutung. Grundsätzlich wirken geringe Federhärte und große Fahrzeuggewichte im Sinne großer Längsschwingungsdauer, d.h. für eine bestimmte Streckenlänge betrachtet, im Sinne einer Verringerung der Lastwechselzahlen.

Die Auswertung der Schriebe von Abbildung 11 oben und anderer Messungen ist in Abbildung 11 unten dargestellt.

Auch weitere Vergleichsversuche auf anderen Strecken ergaben, daß, wie bei dem Zusammenwirken der zahlreichen Einflußgrößen auf den Schwingungsvorgang fast zu erwarten war, keine der untersuchten Federn überall und

---

22. Die Vermutung, daß durch die Elastizität der Verbindungsteile zwischen Fahrzeugrahmen und Aufbau (Pritsche) der Schwingungstakt stark beeinflußt wird, hat sich nicht bestätigt, vergleiche auch Anhang 4. Aus den Schrieben Abbildung 12 ist zu erkennen, daß der Takt der Schwingungen sehr durch die Nickschwingungen des Anhängers beeinflußt wird

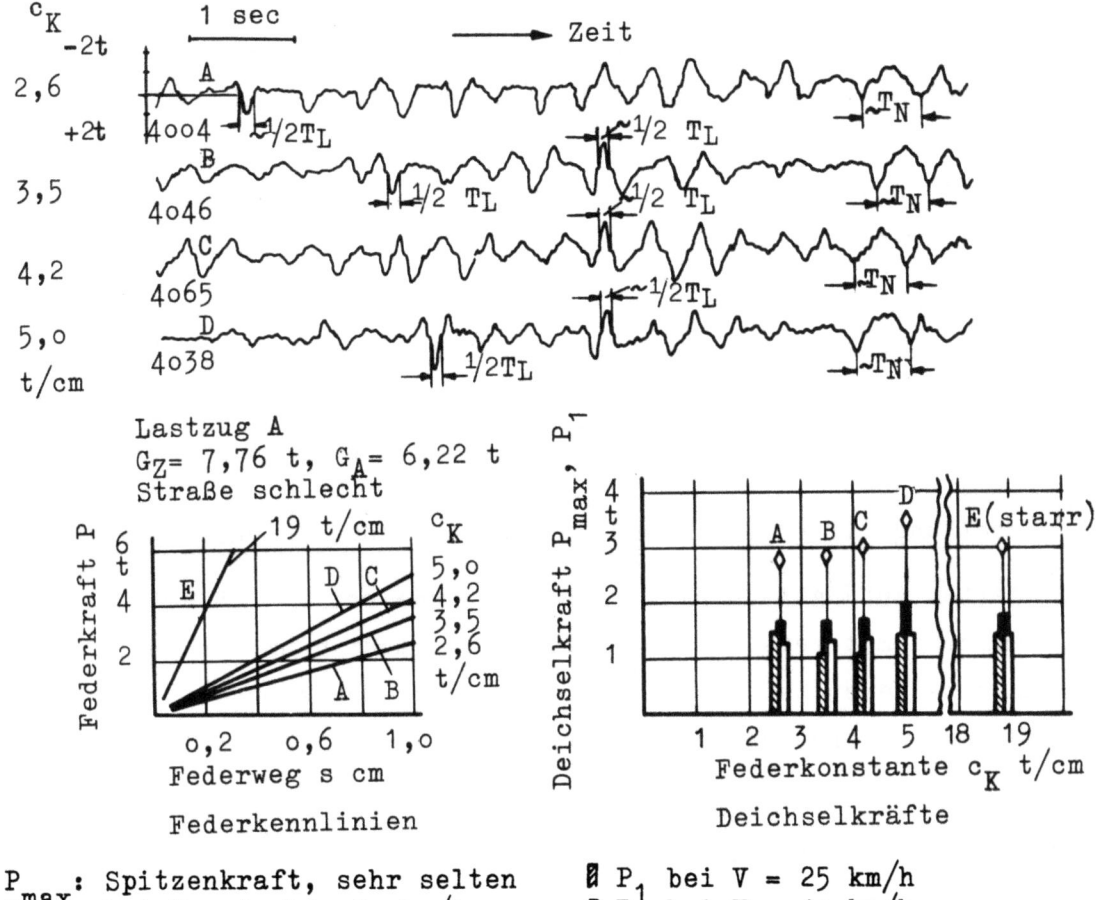

Feder	Längsschwingungsdauer T_L gerechnet		T_L aus Schrieben	T_N aus Schrieben
	$2\pi \cdot \sqrt{\dfrac{m_{red}}{c_K}}$ sec	$2\pi \cdot \sqrt{\dfrac{m_{red}}{c'}}$*) sec	sec	sec
A	0,23	0,245	0,26	
B	0,198	0,216	0,22	0,45–0,5
C	0,18	0,198	0,21	
D	0,165	0,184	0,2	

Die Übereinstimmung zwischen den für T_L berechneten und den gemessenen Werten ist gut.

Bemerkung:

Die auf dem gleichen Meßstreckenabschnitt und auch unter sonst gleichen Versuchsbedingungen, aber mit 4 verschiedenen Kupplungsfedern gewonnenen Schriebe zeigen ungefähr gleiche Schwingungstakte und ungefähr gleiche Deichselkräfte. Der Schwingungstakt wird danach vornehmlich durch die Nickschwingungen bestimmt, wenngleich auch T_L in den Schrieben zu erkennen ist.

*) $c' = c_K \cdot c_R/(c_K + c_R)$; dabei ist $c_R = 19$ t/cm die Federkonstante der (starren) Kupplungsbefestigungsvorrichtung

Abbildung 11

Einfluß der Kupplungsfeder auf die Deichselkräfte

unter allen Betriebsbedingungen (Geschwindigkeit, Streckenunebenheit, Lastzustand) deutlich überlegen ist. Eine für alle Fälle beste Kupplungsfeder mit optimalen Deichselkräften hat sich also bei den am Lastzug A untersuchten Kupplungen nicht befunden. Dies zeigte sich auch unter mannigfach veränderten Versuchsbedingungen an den Lastzügen C und D sowie auch noch an anderen Lastzügen [23].

Die in mehreren Schrieben erkennbare regelmäßige Zu- und Abnahme der Schwingungsamplitude ist in einigen Fällen durch Schwebungen zu erklären, wenn sich mehrere in ihrer Schwingungsdauer nicht sehr verschiedene Schwingungen des Systems überlagern; die Schwebungsdauer beträgt meist rd. 3 sec.

3.14 Lastverteilung (Trägheitsmoment um Querachse und Schwerpunktshöhe)

Bei unverändertem Anhänger-Gesamtgewicht G_A wurde bei $V = 25$ km/h erstens eine Versuchsreihe mit verschiedenen Trägheitsmomenten um die Querachse und zweitens eine Versuchsreihe mit verschiedenen Schwerpunktshöhen der gefederten Massen des Anhängers (bei nur wenig anderem Trägheitsmoment) durchgeführt.

Die bei diesen vier Lastverteilungen unter sonst gleichen Bedingungen aufgenommenen Schriebe sind in Abbildung 12 oben, die Auswertung in Abbildung 12 unten dargestellt.

Bei großem Trägheitsmoment J_A, also großer Nickschwingungsdauer T_{NA}, ergaben sich die kleinsten Werte für die Deichselkräfte; es ist also Anordnung a besser als b; Anordnung c ist besser als d.

Bei kleiner Schwerpunktshöhe h_A waren die Deichselkräfte kleiner als bei großer Schwerpunktshöhe; es ist also Anordnung a besser als c; Anordnung b ist besser als d [24].

Es wird mithin der die Deichselkräfte bestimmende Schwingungsvorgang durch Änderung der Koppelung sowohl von der Nickschwingungsdauer des Anhängers T_{NA} als auch von der Schwerpunktshöhe h_A, d.h. von der Hebelarmlänge des die Nickschwingungen mit verursachenden Drehmoments beeinflußt. Das Gleiche

---

23. Die Federcharakteristik (höchste Federkraft beim Anschlag der Kupplungszugstange, gerade oder gebrochene Kennlinie, Dämpfung) kann unter besonderen Bedingungen den Schwingungsverlauf erheblich beeinflussen
24. Danach sind bei Tiefladeanhängern kleinere Deichselkräfte als bei gleich schweren Anhängern der Normalbauart zu erwarten

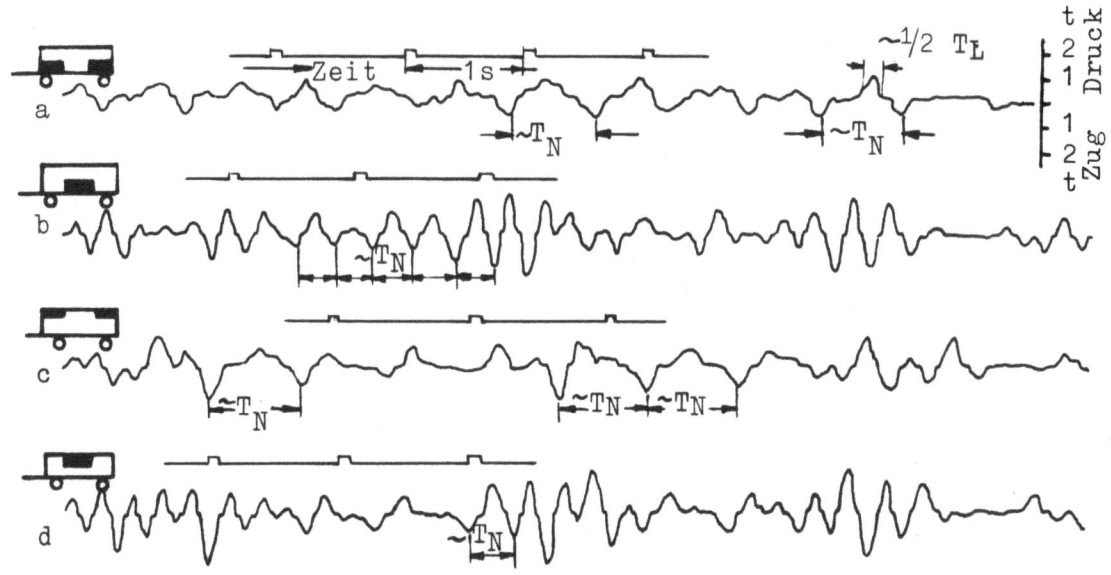

Versuchsbedingungen s. untere Abbildung

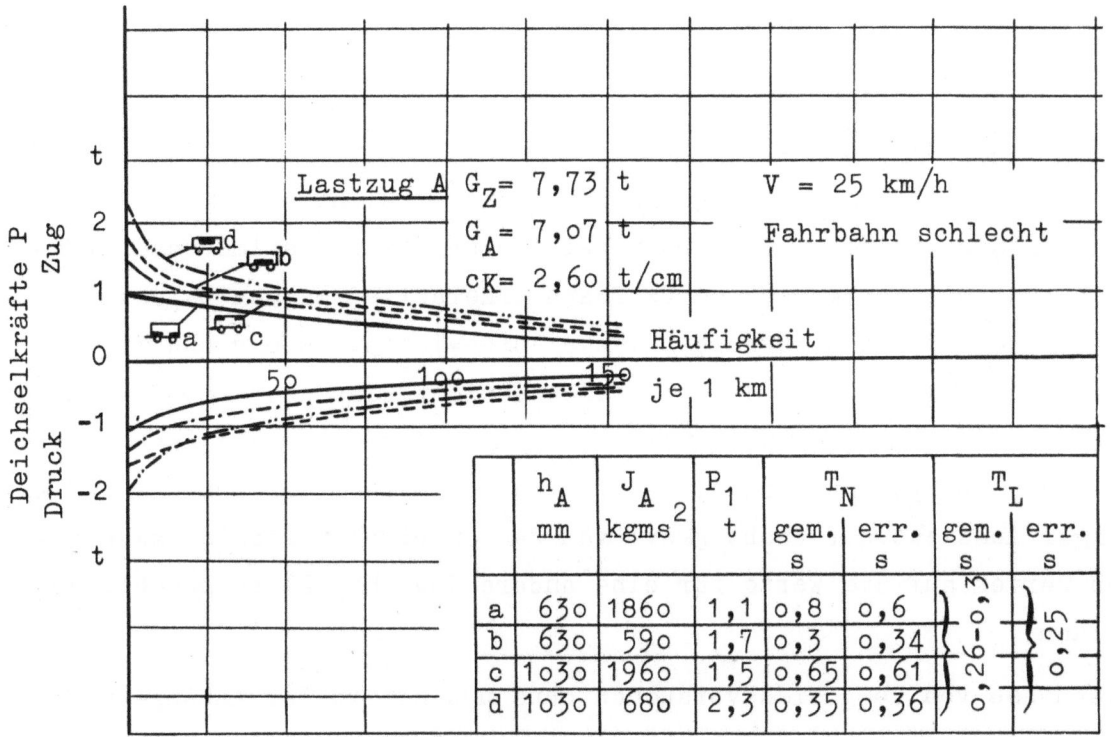

Abbildung 12

Einfluß der Lastverteilung auf dem Anhänger auf die Deichselkräfte

gilt für den Zugwagen. – Die Nickschwingungen der Fahrzeuge sind u.a. durch den Radstand mitbestimmt; kurzer Radstand ist in dieser Hinsicht ungünstig.

Nach den früher genannten Überlegungen ist auch eine Abhängigkeit des Schwingungsbildes von der Erregerstoßfolge T_{Err} zu erwarten. Deshalb wurden mit den genannten vier Lastverteilungen a bis d unter sonst gleichen Bedingungen wie vor außerdem Vergleichsversuche mit erhöhter Geschwindigkeit (V = 40 km/h), also mit rascherer Erregerstoßfolge, durchgeführt. Diese Verkleinerung von T_{Err} beeinflußte die vier Schwingungssysteme a, b, c und d unterschiedlich stark. Bei der höheren Geschwindigkeit (V = 40 km/h) lagen die Deichselkraft-Häufigkeitskurven für die vier verschiedenen Lastzustände näher zusammen als bei der kleineren Geschwindigkeit (V = 25 km/h). Es zeigte sich damit erneut, daß der Geschwindigkeitseinfluß je nach den Resonanzbedingungen verschieden ist, wie überhaupt die Änderung einer Einflußgröße nicht stets die gleiche Wirkung auf den Schwingungsvorgang hat. Die gegenseitige Lage von T_{Err} und T_{NA} scheint von besonderem Einfluß zu sein [25].

3.2 8 t-Lkw mit 12 t-Anhänger (Lastzug C) und mit 17 t-Anhänger (Lastzug D)

3.21 Anhängerbauart und -belastung

Nach schwingungstechnischen Überlegungen ist zwar nicht zu erwarten, daß die Zusammenhänge zwischen den den Schwingungsvorgang bestimmenden technischen Daten von Fahrzeugen und Fahrbahn einerseits und den Deichselkräften andererseits bei Lastzügen der schweren Gewichtsklasse grundsätzlich anders sind als bei solchen der mittleren Gewichtsklassen. Trotzdem wurden eingehende Messungen auch an schweren Lastzügen für notwendig gehalten; denn es mußte untersucht werden, ob trotz der Vielfalt der Zusammenhänge mit einiger Aussicht auf Richtigkeit von den an einer Gewichtsklasse gemessenen Werten auf die Werte für eine andere Gewichtsklasse geschlossen werden kann.

Die Ergebnisse von Vergleichsversuchen ohne und mit voller Anhängernutzlast unter sonst gleichen Versuchsbedingungen (Zugwagen volle Nutzlast, V = 40 km/h) auf schlechter Strecke sind in Abbildung 13 dargestellt.

---

25. Der Zugwagen hatte Stoßdämpfer und progressiv wirkende Wagenfedern, somit also bessere Federungseigenschaften als der Anhänger; vermutlich tritt T_{NZ} deshalb in den Schwingungsschrieben nicht so deutlich hervor wie T_{NA}. Das Federungsverhalten des Zugwagens A ist auch deshalb besser als beim Anhänger A, weil das Verhältnis: Radstand zu Schwerpunkthöhe und außerdem die Massenverteilung günstiger ist

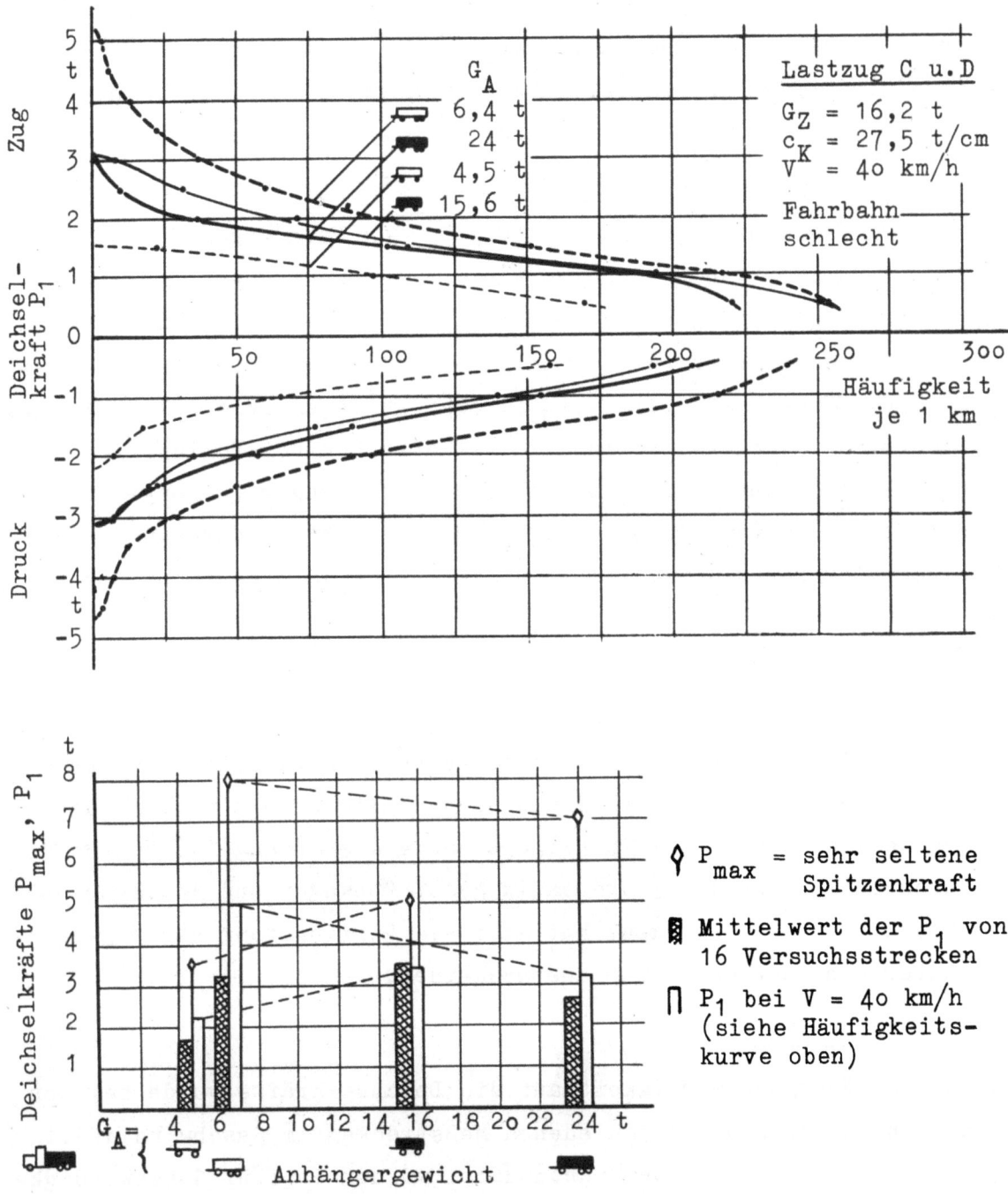

Abbildung 13

Deichselkräfte am 8 t-Zugwagen bei Zweiachs- und Dreiachsanhänger.
Einfluß von Anhängerbauart und Anhängerbelastung

Beim zweiachsigen Anhänger ohne Nutzlast sind die Deichselkräfte kleiner als bei voller Nutzlast; im Gegensatz dazu sind beim dreiachsigen Anhänger ohne Nutzlast die Deichselkräfte größer als bei voller Nutzlast.

Eine Gesetzmäßigkeit, daß die Deichselkräfte mit zunehmendem Anhängergewicht oder mit zunehmender reduzierter Masse des Lastzuges größer werden, besteht also nicht für alle Fälle. Auch hier zeigt sich wieder, daß die Deichselkräfte vielmehr das Ergebnis des Zusammenwirkens zahlreicher Einflußgrößen sind.

Bei diesen Vergleichsversuchen ist sicherlich das Federungsverhalten des dreiachsigen Anhängers von besonderem Einfluß gewesen: Dieser Anhänger mit Doppelachse hatte nach subjektiver Beurteilung [26] bei voller Nutzlast auch auf schlechten Strecken eine bemerkenswert ruhige Lage des Aufbaues; das ist wohl die Ursache für die relativ sehr geringen Deichselkräfte dieses 24 t schweren Anhängers. Vermutlich ist aber die bei Vollast gut geeignete (Vertikal-)Federung für den unbeladenen Anhänger (Eigengewicht 6,4 t) zu hart [27]; infolge der dadurch größeren Vertikalbewegungen, insbesondere der Nickschwingungen des Anhängers, sind bei Leerfahrt die Deichselkräfte recht hoch [28].

Es wurden auch Messungen an den schweren Lastzügen C und D bei voller Anhängernutzlast mit verringerter (halber) Zugwagenbelastung durchgeführt, obwohl grundsätzlich bei nur teilweise ausgelasteten Lastzügen in der Praxis die Zugwagen wegen der Fahrsicherheit möglichst mit vollem oder fast vollem Gewicht fahren sollen (Ergebnisse siehe Anhang 1). Bei Bemühungen, durch entsprechende Lastverteilung auf Zugwagen und Anhänger optimale Deichselkräfte zu erreichen, hat also die Verringerung der Zugwagennutzlast unter ein bestimmtes Maß auszuscheiden.

3.22 Fahrgeschwindigkeit

Der Einfluß der Fahrgeschwindigkeit auf die Deichselkräfte wurde bei den Lastzügen C und D auf neun verschiedenen Meßstrecken im Geschwindigkeitsbereich von 25 bis 60 km/h untersucht; dabei wurden in fünf Geschwindigkeits-

---

26. Aus Zeitgründen konnten Messungen über die vertikalen Bewegungs- und Beschleunigungsverhältnisse an den Anhängern nicht durchgeführt werden

27. Diese Angabe ist nicht als allgemeine Bewertung des Anhängers aufzufassen. Wie sich dieser Anhänger bei hochgezogener dritter Achse verhält, konnte aus Zeitgründen leider nicht gemessen werden

28. Im Straßenverkehr ist optisch und akustisch oft wahrzunehmen, daß der Lauf unbeladener Lkw-Anhänger bei höheren Geschwindigkeiten auf schlechten Straßen viel stoßhafter ist als der Lauf beladener Anhänger. Der Verfasser hat in eigener Praxis Fahrzustände mit sozusagen hinter den Zugwagen tobenden Anhängern kennengelernt

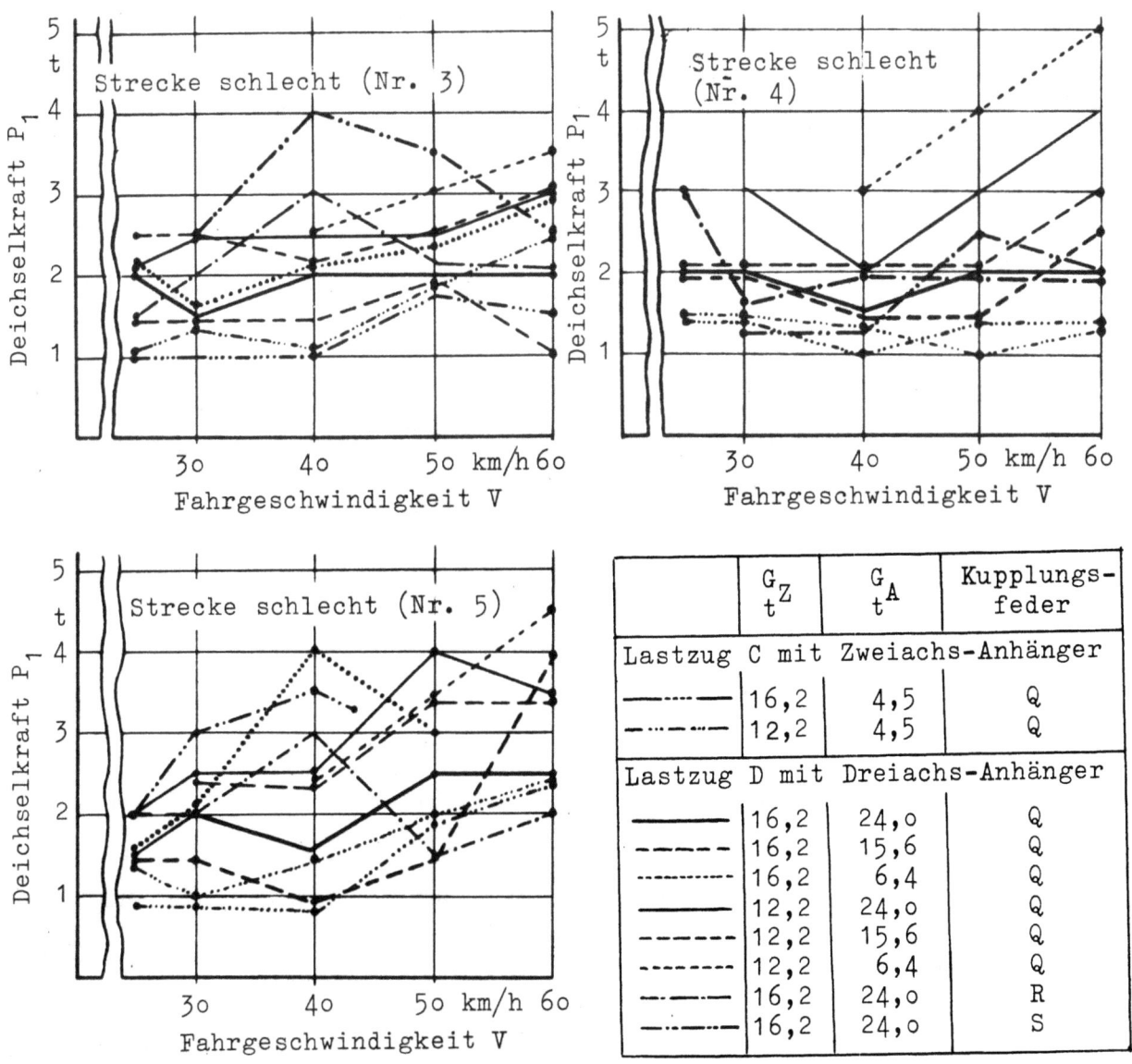

Abbildung 14

Deichselkräfte am 8 t-Zugwagen bei Zweiachs- und Dreiachsanhänger, Einfluß von Anhängerbauart und -belastung

stufen je acht verschiedene Lastzugzustände bei gleicher Anhängerkupplung durchgemessen; zusätzlich wurden an dem Lastzug D mit voller Nutzlast die Deichselkräfte noch bei zwei weiteren Kupplungen ermittelt.

Aus den Deichselkraftschrieben und Häufigkeitskurven wurden die Werte für die oben definierte Deichselkraft P_1 ermittelt und für jede Meßstrecke in Abhängigkeit von der Geschwindigkeit dargestellt. Von diesen 10 Auswertungszusammenstellungen sind drei Schaubilder in Abbildung 14 als Beispiele wiedergegeben.

Aus den Darstellungen Abbildung 14 ist, ebenso wie aus den auf den übrigen Meßstrecken dieser Versuchsreihe ermittelten Werten, als allgemeine Tendenz ein Anwachsen der Deichselkräfte mit zunehmender Fahrgeschwindigkeit zu erkennen. Die Ausnahmen, bei denen Maxima oder Minima der Deichselkräfte im Bereich mittelgroßer Geschwindigkeiten vorliegen, bestätigen die Richtigkeit der Überlegungen, die oben über das Zusammenwirken der verschiedenen Einflüsse genannt worden sind: Der Geschwindigkeitseinfluß ist verschieden je nach Lastzustand, Federungseigenschaften und Bauart der Fahrzeuge, Kupplungseigenschaften, Fahrbahnzustand (Abstand der Unebenheiten, Erregerstoßfolge T_{Err}). Große Deichselkräfte treten auf, wenn die Erregerstoßfolge ein Aufschaukeln der gekoppelten Schwingungen bewirkt.

Die gleichen allgemeinen Zusammenhänge hatten sich bei den oben beschriebenen Messungen am Lastzug A herausgestellt.

3.23 Kupplungsfeder

Es wurden am Lastzug D mit voller Nutzlast Meßfahrten mit drei in ihrer Kennung sehr verschiedenen Kupplungsfedern durchgeführt.

Die Ergebnisse sind in Abbildung 15 dargestellt. Trotz der großen Unterschiede der Federkennlinien sind, über längere Strecken betrachtet, die oben definierten Deichselkräfte P_1 und P'_{max} bei den 3 Kupplungen nicht

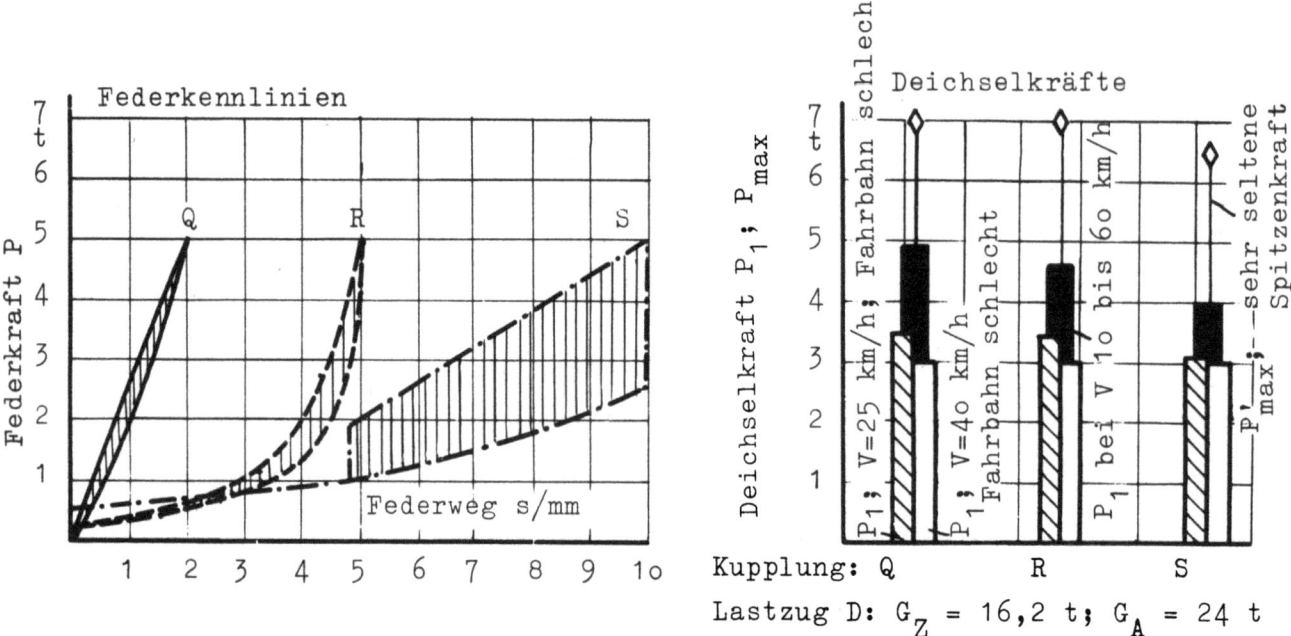

Abbildung 15
Einfluß der Kupplungsfeder

sehr verschieden. Die Betrachtung über längere Strecken verschiedenen Unebenheitsgrades ist erforderlich, weil die auf kurzen Strecken gewonnenen Meßwerte infolge möglicher Zufälligkeiten keine geeignete Vergleichsgrundlage sind.

Unter gewissen Versuchsbedingungen erbrachte zwar die eine Kupplungsfeder sowohl geringere Spitzenwerte der Deichselkräfte als auch eine günstigere Häufigkeitsverteilung als andere Kupplungsfedern; es hat sich jedoch in Übereinstimmung mit den am Lastzug A gewonnenen Ergebnissen auch für die untersuchten Lastzüge C und D der schweren Gewichtsklasse herausgestellt, daß der Einfluß der Kupplungsfeder auf die Deichselkräfte innerhalb der handelsüblich vorkommenden Grenzen der Federkonstanten nicht groß ist. Andere Einflüsse überwiegen [29].

3.3 Resonanzfälle, Spitzenkräfte

Bei einigen Versuchen wurde festgestellt, daß unter besonderen Bedingungen, offenbar durch die beschriebenen Resonanzeinflüsse, größere Spitzenkräfte auftraten, als nach den Versuchsbedingungen zu erwarten war. Hierfür zwei Beispiele:

a) Beim Lastzug D (G_Z = 16,2 t) mit Dreiachsanhänger (G_A = 24 t) wurde beim Überfahren einer Autobahnbrücke (Splitt-Bitumen mit mäßig großen Unebenheiten) bei V = 47 km/h ein Aufschaukeln der Schwingungen bis zu Kraftspitzen von 4,7 t gemessen; Abbildung 16 oben. Die durch Hindernisabstand, Radstände und Geschwindigkeit bedingte Erregerstoßfolge lag im Resonanzbereich von Eigenschwingungszeiten des Lastzuges. Bei anderen Geschwindigkeiten, die viel kleiner oder viel größer waren, erreichten die Deichselkräfte auf der gleichen Meßstrecke viel kleinere Werte.

b) Am Zugwagen des Lastzuges A wurde beim Anfahren in mäßiger Steigung (3 v.H.) bei einer bestimmten, absichtlich etwas ungeschickten Art des Einkuppelns der Schwingungsverlauf nach Abbildung 16 Mitte mit einem Spitzenwert von 3,3 t Zug gemessen. Die Kupplung faßte nicht stetig, und es ergaben sich in rund 2 Sekunden sieben Stöße. Diese Erregerstoßfolge

---

29. In Einzelfällen kann die Federcharakteristik den Schwingungsverlauf erheblich beeinflussen. Bei harten Federn wurde z.B., wenn auch nicht immer, eine größere Häufigkeit der Deichselkraftwerte festgestellt. Dies ist, wie oben ausgeführt, im Sinne der Betriebshäufigkeit ungünstig

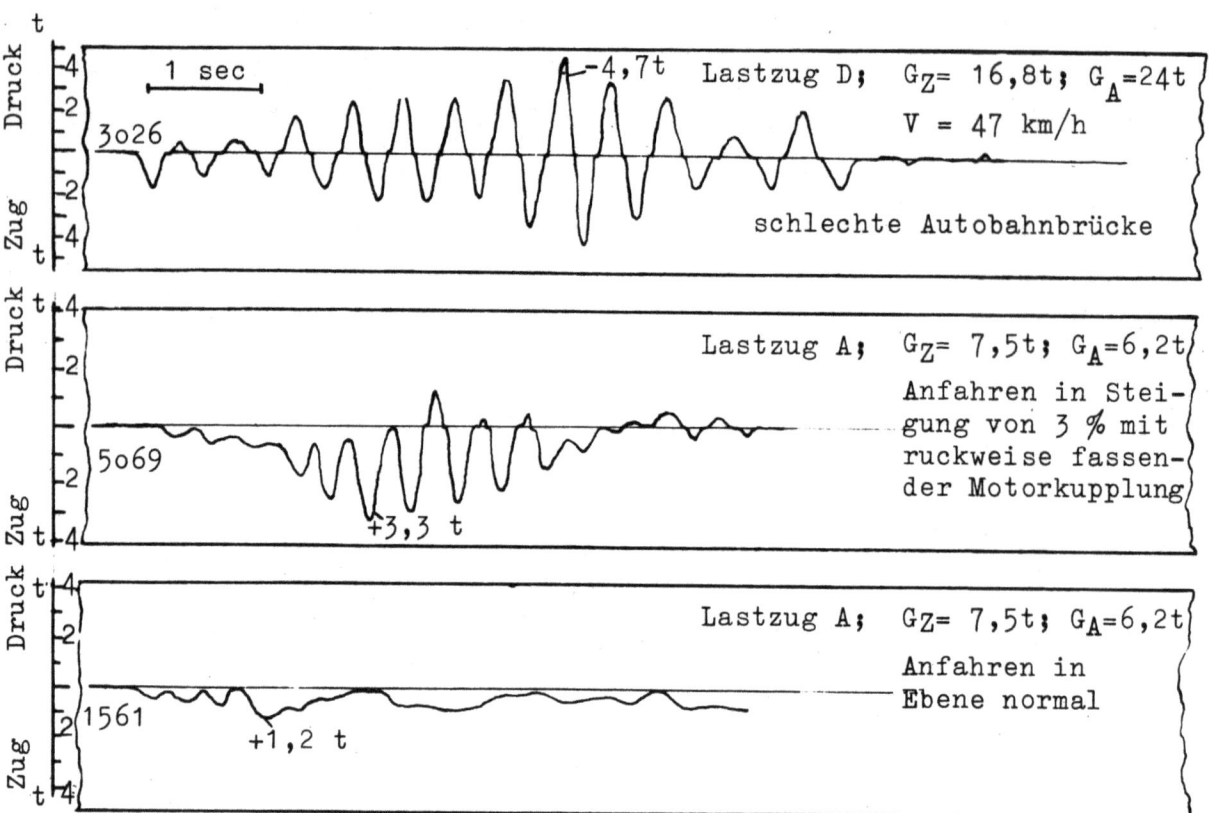

Abbildung 16
Große Deichselkräfte durch Resonanz

liegt in der Nähe der Eigenfrequenzen der Längs- und Nickschwingungen; dabei wurden auf dem Anhänger mit einem Nickschwingungsschreiber ziemlich heftige Nickschwingungen registriert; sie waren durch die Längsschwingungen angeregt.

Vergleichsweise ist in Abbildung 16 unten der Schwingungsschrieb beim normalen, aber keineswegs schonenden Anfahren in der Ebene dargestellt, Spitzenkraft rund 1,2 t Zug; hierbei traten nur kleine Nickschwingungen auf.

Spitzenkräfte können sich auch ohne mehrfaches Aufschaukeln einstellen; dies zeigt z.B. der unterste Schrieb von Abbildung 1o. Bei dem Anhängergewicht von 2,2 t betrug die Deichselkraft P_1 = 3,3 t. Dieser Spitzenwert ist auf die für den schlechten Straßenzustand zu große Geschwindigkeit zurückzuführen.

3.4 Abhängigkeit der Deichselkräfte von der reduzierten Masse des Lastzuges

Die Schwingung bei einem einfachen Zweimassensystem (Abb. 2a) hängt u.a. von der Größe der Gesamtmasse und von dem anteiligen Verhältnis der Einzelmassen ab. In der Beziehung

$$T = 2\pi \cdot \sqrt{\frac{G_1 \cdot G_2}{G_1 + G_2} \cdot \frac{1}{g}} \cdot \sqrt{\frac{1}{c}} \quad (\text{sec})$$

wird die Größe $\quad \dfrac{G_1 \cdot G_2}{G_1 + G_2} \cdot \dfrac{1}{g} = m_{red} \quad (\text{kg} \cdot \text{sec}^2/\text{m})$

die reduzierte Masse genannt.

Obgleich, wie oben ausgeführt, das tatsächliche Schwingungsgebilde des Lastzuges sehr von dem vereinfachten System nach Abbildung 2a abweicht, wäre doch ein funktionaler Zusammenhang zwischen der Größe der reduzierten Masse von Lastzügen und der Größe der Deichselkräfte als naheliegend oder möglich zu vermuten derart, daß die Deichselkräfte mit zunehmender reduzierter Masse größer werden. Wenn ein derartiger allgemeiner Zusammenhang bestünde, dann wäre nach den gewonnenen Versuchsergebnissen für sonst gleiche Betriebsbedingungen die Vorausberechnung der Deichselkrafthöchstwerte für andere Werte der Lastzug-Gesamtmassen und der anteiligen Massen von Zugwagen und Anhänger möglich.

Zur Klärung der Frage der Übertragbarkeit der Meßwerte sind in Abbildung 17 für die Lastzüge A bis D die gemessenen Deichselkräfte P_1 und P_{max} in Abhängigkeit von den reduzierten Massen der Lastzüge dargestellt. Die Meßwerte sind nach ihrer Zusammengehörigkeit durch gestrichelte Linien verbunden.

Es ist zu erkennen, daß sich für die untersuchten Lastzüge A, B und C mit zweiachsigen Anhängern der oben genannte Zusammenhang für die vorliegenden Versuchsbedingungen in gewissem Maße herausgestellt hat, daß aber bei Lastzug D mit dreiachsigem Anhänger ein Zusammenhang in umgekehrtem Sinne festgestellt worden ist [30]. Der erwähnte funktionale Zusammenhang hat sich also nur für schwingungstechnisch gleiche oder ähnliche Lastzüge ergeben.

---

30. Die Zusammenhänge werden in Anhang 1 an anderen Beispielen noch näher erläutert

Forschungsberichte des Wirtschafts- und Verkehrsministeriums Nordrhein-Westfalen

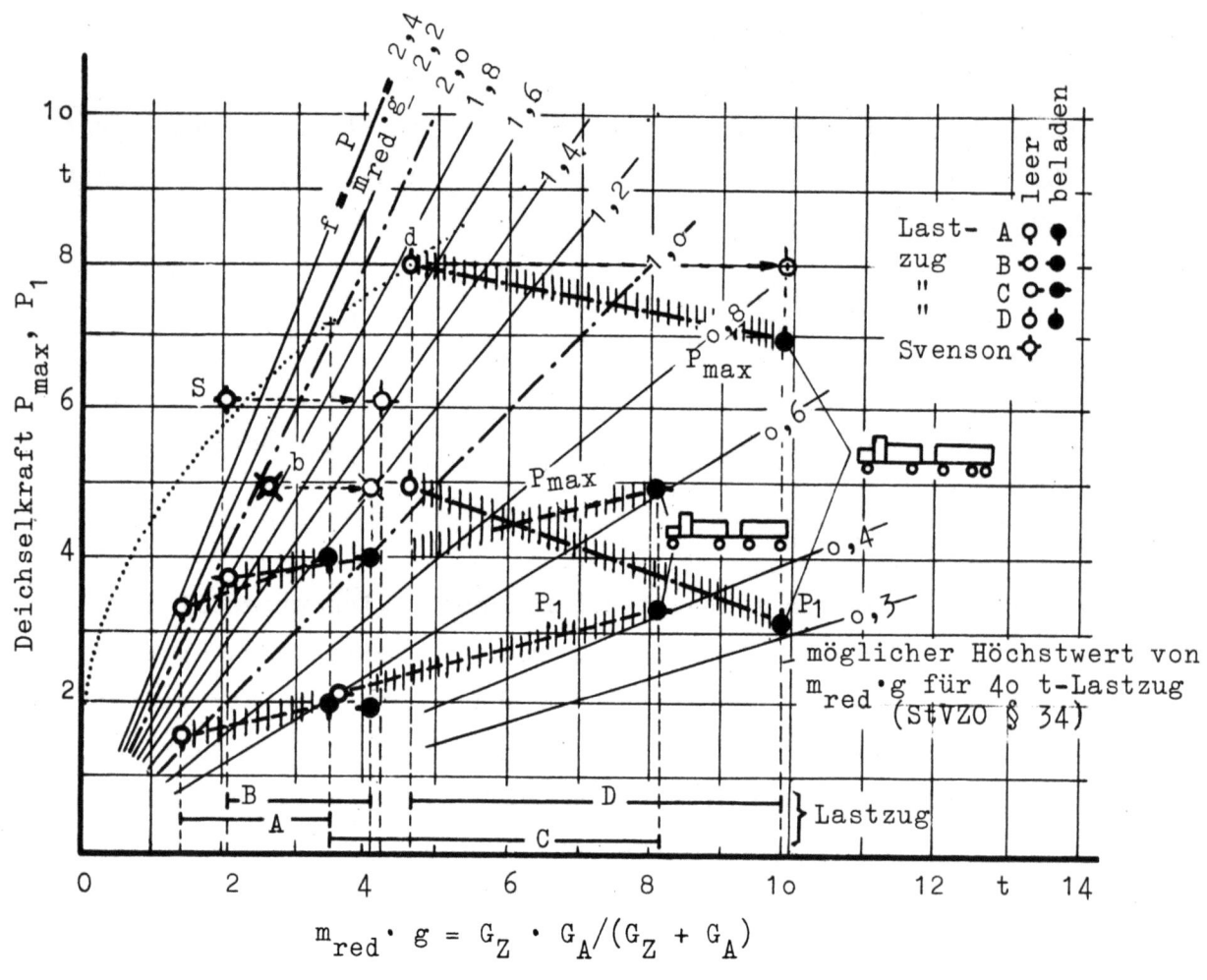

Abbildung 17

Die gemessenen größten Deichselkräfte in Abhängigkeit von den Gewichten

<u>Anmerkung:</u> Die gemessenen Spitzenwerte b, d und S sind aufgetragen über den reduzierten Gewichten der Versuchszustände, bei denen die Fahrzeuge gefahren wurden (leer oder Teillast oder Nennlast). Für die Dimensionierung der Verbindungsteile sind diese Meßwerte den reduzierten Gewichten für die normal beladenen Lastzüge zuzuordnen; dies ist durch die Pfeile angedeutet

Mit anderen Worten: Bei der gleichen reduzierten Masse und trotz auch sonst gleicher Versuchsbedingungen (einschließlich gleiche Anhängerkupplung) kann die Deichselkraft je nach Federungseigenschaften der Fahrzeuge verschieden große Werte annehmen.

Es können mithin von den an einem Lastzug bestimmten Gewichts und bestimmter technischer Daten gewonnenen Meßergebnissen die Werte für in schwingungstechnischer Hinsicht anders beschaffene Lastzüge gleichen oder anderen

Gewichts nicht durch Interpolation oder Extrapolation ermittelt werden. Vergleiche hierzu die Ausführungen zu Abbildung 12, Seite 33.

Fehlt also eine für alle Fälle gültige Zuordnung, so ergibt sich die Frage, bei welcher Art der Darstellung der Meßwerte ein brauchbarer Gesamtüberblick erlangt werden kann, der möglichst auch eine vergleichende Bewertung mehrerer Lastzüge und verschiedener Betriebsbedingungen gestattet.

Hierfür wird die Darstellung der Meßergebnisse nach Abbildung 17 vorgeschlagen. Diese Darstellung ist für den Vergleich von Lastzügen, auch von solchen verschiedener Nutzlastklassen, und für ein und denselben Lastzug auch zur Beurteilung des Kupplungs- und Nutzlasteinflusses geeignet; denn diese Darstellung erfaßt die Deichselkräfte sowohl absolut (in Tonnen) als auch relativ (bezogen auf das reduzierte Lastzuggewicht) [31].

Abbildung 17 zeigt, welche Deichselkräfte nach den vorliegenden Messungen von den Verbindungsteilen mit unbedingter Sicherheit schadensfrei ertragen werden müssen, wenn auch nicht beliebig oft (vgl. Fußnote 34, S. 46).

Die angedeutete einhüllende Linie ist nicht so aufzufassen, als ob größere Deichselkräfte nie und unter keinen Umständen auftreten könnten. Die von ihr angegebenen Werte sollten aber jedenfalls für die Bemessung der zum Zugwagen gehörenden Verbindungsteile zugrundegelegt werden. Denn es ist für die Bemessung gleichgültig, ob auf den Zugwagen, z.B. bei Mitführen eines federungstechnisch besseren Anhängers oder bei günstigerer Lastverteilung auf die beiden Lastzugfahrzeuge im Betrieb kleinere Kräfte einwirken.

Es ist auffällig, daß die Deichselkräfte bei größeren reduzierten Massen, m.a.W. bei Fahrzeugen der schweren Gewichtsklassen, absolut zwar größer, relativ aber, d.h. auf die reduzierte Masse bezogen, - abgesehen von den

---

31. Der Strahl für den (Deichselkraftbei-)Wert $f = 0,6$ gibt etwa die Deichselkräfte an, die nach herkömmlicher fahrdynamischer Berechnung bei den eingangs erwähnten regelwidrigen, aber möglichen Fahrzuständen auftreten und früher vielfach - mit einem Sicherheitszuschlag: $f = 1,0$ - als Anhalt für die Lastannahmen gedient haben. Diese Werte sind zu klein. Der Ausdruck "reduziertes Gewicht" wird in Anlehnung an die Bezeichnung "reduzierte Masse" verwendet; diese wird wohl auch "effektive Masse" genannt, weil sie bei der Wechselwirkung zweier gegeneinander schwingender Massen als die effektiv wirksame Masse gedacht werden kann. Mit dem Wert $P:(m_{red} \cdot g)$ kann die Vorstellung der "spezifischen Deichselkraft" (t Deichselkraft je t reduziertes Lastzuggewicht) verbunden werden

Meßwerten an Lastzug D mit unbeladenem Anhänger - kleiner sind als bei Fahrzeugen der mittleren Gewichtsklasse. Das ist wohl darauf zurückzuführen, daß die von den Fahrbahnunebenheiten ausgehenden Erregerstöße bei Fahrzeugen der schweren Gewichtsklassen aus verschiedenen Gründen (u.a. größere Trägheitskräfte, günstigeres Nickschwingungsverhalten, größere Raddurchmesser) relativ weniger wirksam sind als bei Fahrzeugen leichterer Gewichtsklassen.

Über die auf die Streckeneinheit bezogene Häufigkeit der Lastwechsel, die bei gegebenem Fahrbahnzustand von der Fahrgeschwindigkeit, daneben von der Längsschwingungsdauer (gegeben durch Federcharakteristik der Anhängerkupplung und durch reduzierte Masse) abhängt, sagt naturgemäß die Darstellung nach Abbildung 17 nichts aus; die Lastwechselzahl je Streckeneinheit ist wichtig für die später behandelte Frage der Haltbarkeit der Verbindungsteile. Die Lastwechselzahl ist, wie oben ausgeführt, auch von den Federungseigenschaften der Fahrzeuge (Nickschwingungsverhalten) abhängig.

4. Haltbarkeit der Verbindungsteile

4.1 Die Deichselkräfte auf der Gesamtlaufstrecke eines Lastzuges

Die Festigkeitsansprüche sind in der vorliegenden Untersuchung unter Bedingungen, die der rauhen Praxis entsprechen, nicht aber für extreme Beanspruchungen bei äußerst rücksichtsloser oder grob fehlerhafter Bedienung ermittelt worden. (Beispiele: Heftiges Anstoßen beim Zurücksetzen gegen eine Laderampe, sogenannte Rangierstöße; starkes Zwängen der Deichsel im Kupplungsmaul bei zu scharfem Einschlagen; Einreißen von Ruinen mit losem Schleppseil). Derartige, bei Fahrzuständen sozusagen mit Unfallcharakter auftretende Spitzenkräfte, die zu Gewaltbrüchen oder bleibenden Formänderungen gegebenenfalls mit Anrissen führen, lassen sich bei der Ermittlung der Festigkeitsansprüche zahlenmäßig nicht in Rechnung stellen; ihre Größe kann kaum geschätzt, sondern nur geraten werden.

Es wäre aber selbst dann, wenn extreme Beanspruchungen der genannten Art nicht auftreten würden, nicht ausreichend, die Bemessung der Verbindungsteile lediglich nach den ermittelten Höchstwerten der Deichselkräfte vorzunehmen; denn ebenso wie bei der eingangs erwähnten Untersuchung von Querträgerschäden hat sich bei einer schadensstatistischen Untersuchung gezeigt, daß es sich bei der Mehrzahl der Schäden an Schlußquerträgern nicht um Gewaltbrüche, sondern um sogenannte Dauerbrüche handelte.

Danach ist es nötig, die Festigkeit der Verbindungsteile unter dem Gesichtspunkt der Dauerbeanspruchung [32] zu betrachten; die Verbindungsteile nur nach statischen Gesichtspunkten zu gestalten und dann entsprechend zu prüfen, ist also selbst bei Berücksichtigung von Zuschlägen nicht mit Sicherheit ausreichend.

Welche Ansprüche insgesamt für die Lebensdauer eines Lastkraftwagens an die Dauerfestigkeit der Verbindungsteile, z.B. der Schlußquerträger, zu stellen sind, läßt sich aus der vorliegenden Untersuchung unter gewissen Annahmen für die Verwendungsart des Lastkraftwagens folgern, ohne daß die beanspruchenden Kräfte über die Gesamtlaufstrecke eines Lastzuges gemessen worden sind.

Die Festigkeitsansprüche ergeben sich für das Beispiel eines Lastzuges der mittleren Gewichtsklasse (Lastzug A) wie folgt:

Bezüglich der Verwendungsart wird angenommen, daß der Zugwagen im Anhängerbetrieb bis zur Außerdienststellung eine Gesamtlaufstrecke von 400 000 km erreichen oder diese Laufstrecke bis zur Grundüberholung zurücklegen soll; bis dahin dürfe am Zugwagen mit Sicherheit nicht die Notwendigkeit z.B. einer Auswechselung oder Instandsetzung des Schlußquerträgers oder der Verstrebung eintreten.

Beim Anhängerbetrieb von insgesamt 400 000 km mögen vorsichtigerweise die Anteile von guter, schlechter und sehr schlechter Strecke zu 50, 40 und 10 v.H. mit den anteiligen Lastzuständen: Vollast, Überlast und unbeladen je 50, 25 und 25 v.H. angenommen werden:

Ladezustand	Beschaffenheit der Fahrbahn			Laufstrecke Summe
	gut	schlecht	sehr schlecht	
Vollast	100 000	80 000	20 000	200 000 km
Überlast	50 000	40 000	10 000	100 000 km
unbeladen	50 000	40 000	10 000	100 000 km
	200 000	160 000	40 000	400 000 km

---

32. Die Ergebnisse von Dauerfestigkeitsprüfungen werden in der sogenannten Wöhlerkurve dargestellt; sie zeigt die Widerstandsfähigkeit des Werkstoffs gegen Ermüdungsschäden. Hingegen geben die in den sogenannten Betriebsfestigkeitskurven dargestellten Werte die Festigkeit des Werkstückes an unter Berücksichtigung der Werkstoffeigenschaften und der Gestalt einschließlich etwaiger Bearbeitungseinflüsse

Die auf 400 000 km Laufstrecke auftretende Gesamtheit der Kräfte ergab sich durch Umrechnung aus den Häufigkeitskurven, die aus den Messungen bei den genannten Fahrbahn- und Lastzuständen gewonnen wurden. Außerdem wurden Spitzenkräfte, wie sie z.B. nach Abbildung 16 und aus anderen Gründen entstehen können, mit angemessen erscheinender Häufigkeit berücksichtigt.

In Abbildung 18 stellt die so gewonnene Kurve A die Gesamtheit der beanspruchenden Kräfte für die genannten Strecken- und Belastungszustände dar. Durch geschätzte Zuschläge [33] für erhöhte Beanspruchung infolge ungünstiger Umstände (z.B. übersetzte Geschwindigkeit, hohe Überlast, übergroßes Spiel der Kraftübertragung, gebrochene Kupplungsfeder) ergibt sich etwa Kurve B für die Gesamtheit der beanspruchenden Kräfte auf der Gesamtlaufstrecke von 400 000 km [34].

Ob den Festigkeitsansprüchen ein sicher ausreichendes Festigkeitsangebot gegenübersteht, kann nur durch Betriebsfestigkeitsprüfungen an den ausgeführten Bauteilen geklärt werden; dabei können etwa die Werte der Kurve B von Abbildung 18 als Anhalt dienen.

Das Festigkeitsangebot würde sich in einem Linienzug darstellen, der im ganzen Häufigkeitsbereich oberhalb der Kurve B in angemessenem Abstand zu ihr verlaufen soll [35].

---

33. Es ist ohne Sondermessungen, für die dem Verfasser leider keine Fahrzeuge zur Verfügung standen, nicht zu klären, ob bei den Zuschlägen auch anomale Spitzenkräfte, wie sie ab und zu ungewollt auftreten können, z.B. durch Anstoßen gegen eine Laderampe beim Zurücksetzen, nach ihrer Größe richtig eingeschätzt worden sind. Über die Frage, ob solche anomalen Spitzenkräfte beim Festigkeitsangebot berücksichtigt werden müssen, sind die Auffassungen von Herstellern, Verbrauchern und Gerichten geteilt. Möglicherweise werden bis auf weiteres die Verbindungsteile, darunter die Schlußquerträger mit Verstrebungen, als Verschleißteile anzusehen und entsprechend zu überwachen sein

34. Eine begrenzte Lebensdauer anzusetzen, ist durchaus vertretbar; denn es ist nicht möglich, die Teile so zu bemessen, daß die größten beanspruchenden Kräfte beliebig oft ertragen werden können. Es ist aber unerläßlich, die Festigkeitsansprüche zu ermitteln, wie hier an einem Beispiel gezeigt, und ihnen ein sicher ausreichendes Festigkeitsangebot gegenüberzustellen

35. In Abbildung 18 sind keine Angaben über das Festigkeitsangebot gemacht, weil dem Verfasser hierzu noch nicht genug sichere Unterlagen zur Verfügung stehen (vgl. Fußnote 6 auf Seite 9). Liegen die Werte von Festigkeitsangebot und Festigkeitsansprüchen wie angegeben zueinander, dann ist für das gewählte Beispiel für 400 000 km unbedingte Sicherheit gegeben (sog. Zeitfestigkeit), also für begrenzte Lebensdauer, nicht aber Sicherheit für beliebig häufige Lastwechsel von Kräften, die oberhalb der Dauerfestigkeitsgrenze liegen

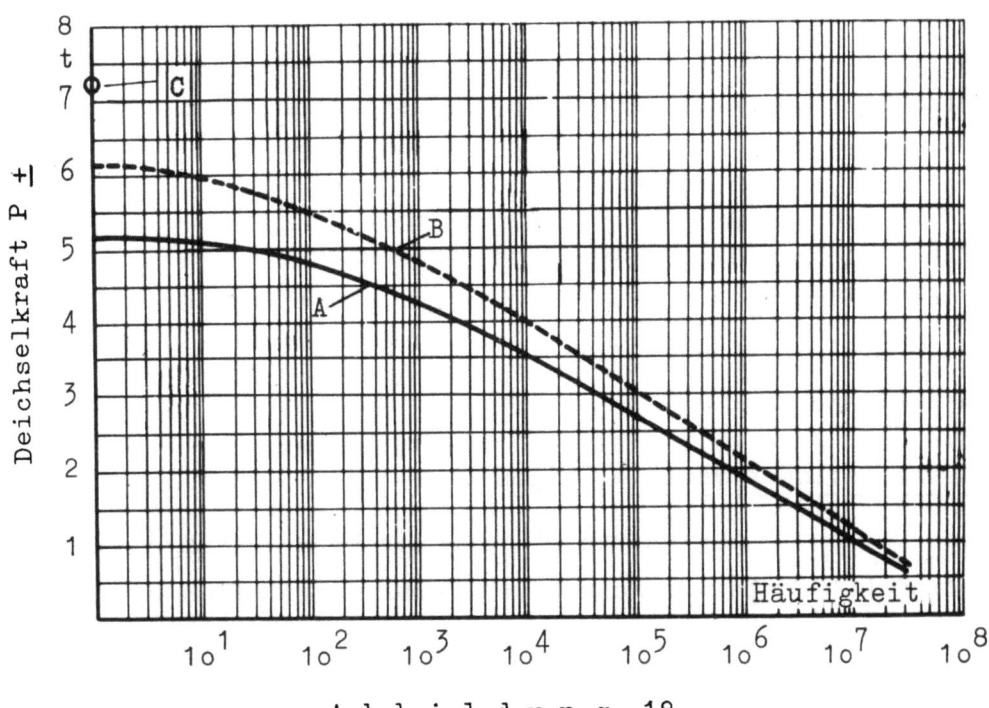

Abbildung 18

Deichselkräfte an einem mittleren Lastzug auf 400 000 km Laufstrecke

- A Deichselkrafthäufigkeit auf 400 000 km für Lastzug A, nach Meßwerten berechnet für angenommene Last- und Straßenzustände
- B Werte von A plus angenommene Zuschläge für erhöhte Beanspruchungen infolge besonders ungünstiger Umstände in Einzelfällen
- C Wert aus Abbildung 17 nach Linie, die Höchstwerte einhüllt, die in vorliegender Arbeit gemessen und aus anderen Untersuchungen als bemerkenswert bekannt geworden sind

Im Rahmen einer Betriebsfestigkeits-Untersuchung z.B. an Schlußquerträgern würden sich wahrscheinlich auch aus vergleichsweisen Beobachtungen an Prüflingen von Baumustern, die sich im schweren Anhängerbetrieb bewährt haben, und an Prüflingen von Baumustern, bei denen Dauerbrüche aufgetreten sind, Anhaltspunkte für die Gestaltung von Verbindungsteilen mit verbesserter Sicherheit ergeben.

Allgemein ist zur Frage des Festigkeitsangebotes der Verbindungsteile noch auszuführen: Die Forderung nach unbedingter Sicherheit der Verbindungsteile steht in Widerspruch mit der beschränkten Festigkeit der übrigen Fahrzeugteile, welche die Kräfte im Fahrzeug weiterzuleiten haben. Beim Entwurf ist verständlicherweise die Festigkeit aller Baugruppen und Teile aufeinander abzustimmen. Demgemäß war bezüglich der möglichen Verstärkung der Verbindungsteile gelegentlich die Auffassung zu hören, daß eine solche

Forschungsberichte des Wirtschafts- und Verkehrsministeriums Nordrhein-Westfalen

Maßnahme wenig Wert habe; denn es würden nach einer Verstärkung der Verbindungsteile die großen Deichselkräfte, die bis dahin nur Schäden an den Verbindungsteilen verursacht haben, Überbeanspruchungen an anderen Stellen bewirken mit wahrscheinlich größeren Aufwendungen für die Instandsetzung.- Es ist jedoch nicht einzusehen, daß, wie es zur Zeit noch bei manchen Baumustern der Fall ist, die für die Verkehrssicherheit entscheidend wichtigen Verbindungsteile die Aufgabe einer Sollbruchstelle übernehmen sollen; die Sicherheit geht vor. Schäden, welche die Sicherheit beeinträchtigen, sind unzulässig.

4.2 Schadensstatistische Feststellungen

Dem Verfasser waren vor Beginn und während der Untersuchungen nur solche (leider zahlreiche) Fälle von Schäden an Verbindungsteilen bekannt geworden, die wegen schwerer Unfallfolgen in der Tages- und zum Teil in der Fachpresse mitgeteilt waren. Schadensstatistische Unterlagen waren von dritter Seite nicht zu erhalten. Um einen Überblick über das tatsächliche Verhältnis von Festigkeitsangebot zu Festigkeitsansprüchen in der Praxis zu gewinnen, wurden in einem rheinischen Bimsgewinnungsgebiet, in dem im Anhängerbetrieb unter gleichen, sehr schweren Bedingungen von verschiedenen Haltern rund 200 Zugwagen betrieben wurden, Ermittlungen über Zahl und Art der Schäden an Verbindungsteilen angestellt, getrennt nach Laufstrecken bis zum Schadensfall, gegebenenfalls bis zum wiederholten Schadensfall, sowie nach Baumustern und Baujahren. Es handelte sich um Baumuster von fast ausnahmslos allen deutschen Lastwagenherstellern. Die Fahrzeuge stammten mit nur wenigen Ausnahmen aus der Nachkriegsfertigung.

Rund 25 v.H. aller dort angetroffenen Lastkraftwagen wiesen Schäden überwiegend an den Kupplungsbefestigungen (d.h. an Schlußquerträgern und gegebenenfalls Verstrebungen) auf, die entweder noch nicht oder schon einmal oder schon mehrere Male, zum Teil von den Unternehmern im Eigenbau, beseitigt waren. Die Schäden waren je nach Bauart und Betriebsbedingungen nach rund 20000 bis 100000 km Anhängerbetrieb entstanden; bei einzelnen Baumustern waren die Schäden früher und häufiger aufgetreten als bei anderen.

Solche Schäden zeigten sich an rund 80 v.H. der Fahrzeuge, die 100 000 km Laufstrecke und mehr aufzuweisen hatten. Bei sehr vielen Fahrzeugen wurden lockere Kupplungsbefestigungsschrauben angetroffen [36].

---

36. Siehe nächste Seite

Mit Ausnahme einer einzigen Kupplungsbefestigung, die eine Neukonstruktion vom Jahre 1953 war, wurden Schäden bei allen Baumustern festgestellt.

Die Frage, ob die Schlußquerträger der geprüften Fahrzeuge nicht dem Stande der Technik entsprachen, oder ob der Stand der Technik gemäß dem gehäuften Auftreten der Schäden als unbefriedigend anzusehen ist, mag hier unerörtert bleiben [37]. Es konnte jedoch erfreulicherweise festgestellt werden, daß es trotz der zahlreichen Brüche und Risse an den Verbindungsteilen der Lastzüge in diesem Einsatzgebiet in mehreren Jahren nur zu einer einzigen ungewollten Zugtrennung (ohne Unfallfolgen) gekommen ist. Denn die Risse entwickeln sich bemerkenswert langsam weiter, und Halter und Fahrer kennen seit langem die Schadensanfälligkeit der Verbindungsteile, besonders der Schlußquerträger; sie halten deshalb diese Teile unter laufender Beobachtung. So werden auch Anrisse entdeckt, die noch klein sind und noch keine verkehrsgefährdende Größe haben; man weiß, wann der Schaden behoben werden muß. Das geschieht durch Auswechseln oder meist durch Schweißen bei gleichzeitigem Verstärken des Schlußquerträgers durch Laschen oder Platten. Wenn in den genannten Betrieben Halter und Fahrer erfreulicherweise ihrer Sorgfaltspflicht nachkommen, so tun sie das sicherlich allein schon im wohlverstandenen eigenen Interesse; denn bei rechtzeitiger Instandsetzung können sie den Zeitpunkt dafür selbst bestimmen und sich so vor Verdienstausfall schützen.

Auch bei im Fernverkehr, d.h. meist auf guten Straßen, eingesetzten Lastwagen wurden Schäden an den Kupplungsbefestigungen festgestellt, allerdings in kleinerer Zahl; jedoch sind auch bei diesen Fahrzeugen Schäden an den Schlußquerträgern keine Seltenheit. Ergebnisse von einschlägigen schadensstatistischen Feststellungen an im Fernverkehr eingesetzten Lastkraftwagen sind dem Verfasser nicht bekannt geworden. Einzelheiten vergleiche Anhang 6.

---

36. Lockere Schrauben sind nicht allein wegen schädlicher Stoßwirkungen nachteilig, sondern bei manchen Bauarten von Schlußquerträgern ist ausreichende Vorspannung der Schrauben aus Festigkeitsgründen nötig

37. Bezüglich Aufnahme und Weiterleitung der Kräfte entsprachen manche Ausführungsformen der Kupplungsbefestigungsvorrichtungen nicht den konstruktiven Forderungen, die sich aus dem Auftreten der (unerwartet) hohen Druckkräfte ergeben; bei der eingangs erwähnten Festigkeitsnachrechnung und beim statischen Belastungsversuch hatte sich herausgestellt, daß die Verteilung der aufzunehmenden Kräfte auf Schlußquerträger und Verstrebungen sehr ungleich und deshalb ungünstig ist; das gilt für die Zugkräfte und besonders für die Druckkräfte

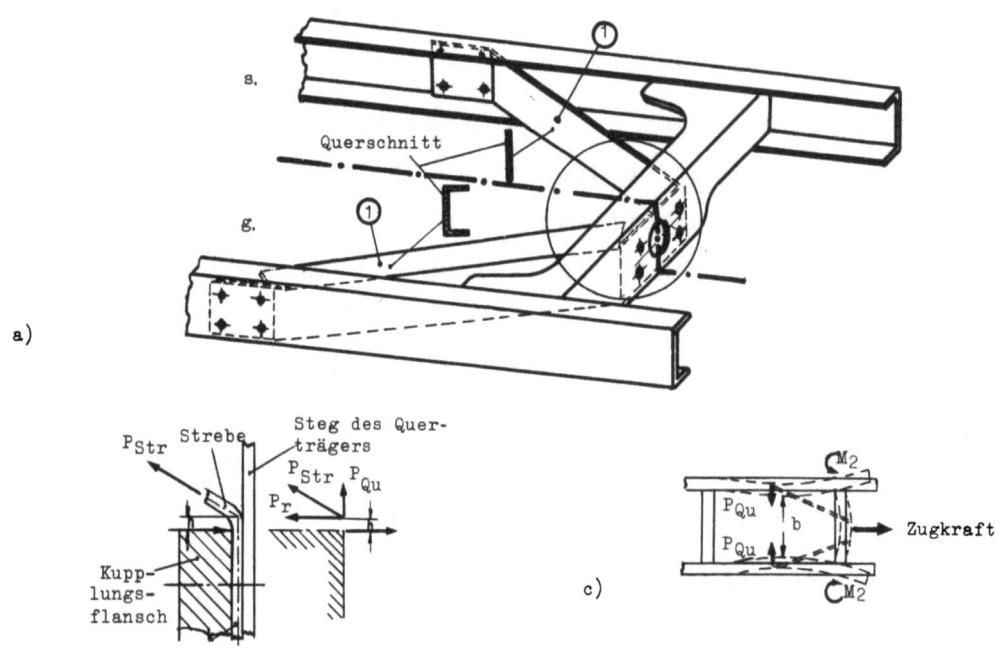

a)

b)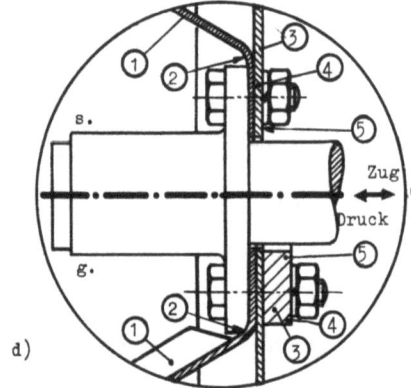
Strebe Mittelstück

Kraftkomponente P_r der Strebenkraft P_{Str} am Hebelarm h verursacht Biegung der Strebe über scharfe Kante des Kupplungsgehäuseflansches; Strebe gefährdet

c) Bei Verformung des Querträgers, der ecksteif an den Längsträgern befestigt ist, entsteht durch Biegemoment M_2 auf Längsträger in Verbindung mit Kraftkomponente P_{Qu} der Strebenkraft eine Einschnürung des Rahmens (Taille; bei statischem Belastungsversuch Verringerung des Maßes b von 9 mm gemessen bei Z = 14 t)

1s Ausknicken bei Druckkräften (Druckkräfte etwa gleich groß wie Zugkräfte)

2s Bei Zugkraft Aufbiegen der Streben. Bei Druckkraft Zurückbiegen der Streben

3s Membranwirkung des Steges des Querträgers; dadurch Brüche an Biegekante zwischen Steg und Flansch

4s Federring arbeitet sich infolge der Gleitbewegung ein; (Ursache: Membranwirkung); dadurch werden Schrauben locker

5s Bei Übertragung von Druckkräften durch Muttern wird Steg des Querträgers nur örtlich belastet, ungünstigerweise gerade an Stellen mit Spannungsspitzen (Schraubenlöcher)

d)

1g Strebe knicksteif

2g Abgerundeter Kupplungsflansch verhindert Aufbiegen der Strebe

3g Druckplatte verhindert oder vermindert Membranwirkung

4g Durch kräftige Druckplatte Gleitbewegung kleiner; dadurch Einarbeiten des Federringes verhindert oder verringert. Schraubenvorspannung bleibt besser aufrechterhalten; ggf. Kronenmuttern

5g Bei Übertragung von Druckkräften durch Druckplatte gleichmäßigere Einleitung der Kraft in Steg des Querträgers; dadurch auch geringere Beanspruchung der Biegekante des Querträgers

Allgemein:

a) Aufrechterhaltung der Schraubenvorspannung für Festigkeit der Baugruppe: Querträger- Strebe - Druckplatte - Kupplungsflansch sehr wichtig; denn durch festes Einspannen des dünnen Stegbleches zwischen Kupplungsflansch und Druckplatte wird Membranwirkung vermindert oder verringert. Dadurch Festigkeit des Querträgers erhöht.

b) Anhängerkupplung soll nicht allein nach schwingungsvermindernder Wirkung, sondern auch nach **Krafteinleitung** beurteilt werden. Gekröpfter Schlußquerträger ungünstig; zu vermeiden.

A b b i l d u n g 19
Zur Gestaltung der Kupplungsbefestigungsvorrichtung

Forschungsberichte des Wirtschafts- und Verkehrsministeriums Nordrhein-Westfalen

Einige Hinweise zur Frage der Gestaltung der Kupplungsbefestigungsvorrichtung sind in Abbildung 19 gegeben. Die Ergebnisse einer besonderen Forschungsarbeit werden nach ihrem Abschluß mitgeteilt.

5. Zusammenfassung und Folgerungen

5.1 Versuchsergebnisse

5.11 Untersuchte Lastzüge

Die in diesem Bericht behandelten Versuche wurden durchgeführt an Lastzügen

    der mittleren Gewichtsklasse (3,5 t-Lkw mit 4,0 t-Anhänger, Gesamtgewicht rund 14 t) und

    der schweren Gewichtsklasse (8 t-Lkw mit 12 t- und 17 t-Anhänger, Gesamtgewicht bis rund 40 t).

5.12 Allgemeine Ergebnisse

Die Deichselkräfte sind im Fahrbetrieb viel größer als sich rechnerisch auch für die ungünstigsten erfaßbaren Fahrzustände (z.B. berechnet nach maximaler Zugwagen-Überschuß-Zugkraft und höchster Verzögerungskraft bei unzulässiger Vollbremsung an nur einem der beiden Fahrzeuge des Lastzuges) ergibt. Die Deichselkraft war bei manchen Messungen größer als das Anhängergewicht.

Die Deichselkräfte entstehen durch die gekoppelten Schwingungen, welche die beiden Fahrzeuge des Lastzuges infolge der Erregung durch Fahrbahnunebenheiten ausführen. Die Richtigkeit der über das Schwingungsgebilde angestellten Überlegungen ist durch die Versuche bestätigt worden.

Druckkräfte treten etwa in gleicher Größe und Häufigkeit auf wie Zugkräfte; bei manchen Ausführungsarten von Kupplungsbefestigungsvorrichtungen ist das nicht berücksichtigt.

5.13 Meßergebnisse im einzelnen

5.131 Der Schwingungsvorgang wurde untersucht bei Veränderung folgender Betriebsbedingungen

a) <u>Fahrbahnbeschaffenheit</u>. Der Ebenheitszustand der Fahrbahn ist der Haupteinfluß; allgemein ausgedrückt: Je schlechter die Fahrbahn ist, desto größer sind die Deichselkräfte.

b) <u>Fahrgeschwindigkeit</u>. Sie bestimmt zusammen mit den Radständen und dem Abstand der Unebenheiten die Zeitfolge der Erregerkräfte.

Im allgemeinen wurde mit zunehmender Geschwindigkeit ein Anwachsen der Deichselkräfte festgestellt; Ausnahmefälle sind durch Resonanzerscheinungen des Schwingungssystems bestimmt.

Der Geschwindigkeitseinfluß auf die Deichselkräfte ist bei unebener Fahrbahn viel größer als bei guter Fahrbahn.

c) <u>Kupplungsfeder</u>. Bei den untersuchten handelsüblichen Kupplungen wurde kein erheblicher, allgemeingültiger Einfluß der Federcharakteristik (Federhärte, Vorspannung und Dämpfung) auf Deichselkräfte und auf Schwingungsfrequenz festgestellt. Andere Einflüsse überwiegen.

d) <u>Lastverteilung auf den Fahrzeugen</u>, insbesondere auf dem Anhänger. Die Lastverteilung auf dem Fahrzeug beeinflußt die Deichselkräfte, weil sie die Nickschwingungsdauer und die Kopplung zwischen Nick- und Längsschwingungen mitbestimmt.

Eine Lastverteilung, die ein großes Massenträgheitsmoment um die Querachse ergibt, ist grundsätzlich günstig mit Ausnahme derjenigen Fälle, in denen die Fahrgeschwindigkeit eine Erregerstoßfolge ergibt, welche die Nickschwingungen anfacht.

Kleine Schwerpunktshöhe über der Zugstangenachse ergibt kleinere Deichselkräfte als große Schwerpunktshöhen.

e) <u>Gewicht der Fahrzeuge</u>, insbesondere des Anhängers. Die Deichselkräfte sind im allgemeinen bei größeren Gewichten von Lastzug und Einzelfahrzeugen größer als bei kleineren Gewichten. Es gibt aber keinen für alle Betriebsbedingungen allgemeingültigen Zusammenhang zwischen dem Lastzuggewicht und dessen Aufteilung auf die beiden Fahrzeuge einerseits und den Deichselkräften andererseits.

Der Einfluß des sich mit Größe und Verteilung der Nutzlast verändernden Federungsverhaltens der Fahrzeuge kann überwiegen; so wurden bei Anhängern ohne und mit halber Nutzlast größere Deichselkräfte gemessen als bei den gleichen Anhängern mit voller Nutzlast und mit Überlast.

Obgleich nach schwingungstechnischen Überlegungen für ein bestimmtes Lastzuggewicht die Gewichtsanteile von Zugwagen und Anhänger von gleicher

Bedeutung für die Entstehung der Deichselkräfte sind, haben sich bei den Messungen, für gleiches Lastzuggewicht betrachtet, die Deichselkräfte bei Veränderung der Anhänger-Nutzlast meist mehr geändert als bei Veränderung der Zugwagen-Nutzlast. Das wird auf das für beide Fahrzeugarten unterschiedliche Verhältnis: Nutzlast zu Eigengewicht zurückzuführen sein.

Die Bauart des Anhängers (Achszahl und -anordnung, Federungseigenschaften) ist von beträchtlichem Einfluß auf die Deichselkräfte.

Der Gewichtseinfluß auf die Deichselkräfte ist bei unebener Fahrbahn größer als bei guter Fahrbahn.

f) Spiel in der Kraftübertragung (wie z.B. Ösenspiel) hat, sofern es nicht sehr groß ist, keinen größeren Einfluß auf Deichselkräfte.

Wie sich eine Änderung einzelner oder mehrerer der genannten Einflußgrößen a) bis f) auf die Deichselkräfte auswirkt, ist nicht allgemein zu übersehen, sondern nur auf Grund rechnerisch-experimenteller Untersuchungen für den Einzelfall vorauszubestimmen.

5.132 Größte Deichselkräfte

Als größte Werte im rauhen Fahrbetrieb, d.h. nicht durch versuchstechnische Besonderheiten hervorgerufen, wurden gemessen:

Beim 3,5 t-Lkw mit 4 t-Anhänger (Lastzug B) P_{max} = rd. 5000 kg,
beim 8 t-Lkw mit 17 t-Anhänger (Lastzug D) P_{max} = rd. 8000 kg.

Die größten Deichselkräfte entsprachen beim Lastzug B (D) dem rund 1,1 (1,3)-fachen des Anhängergewichts des Versuchszustandes.

5.14 Schwingungstechnische Ergebnisse [38]

Bezüglich der unter Absatz 5.131 Ziffer a) bis f) genannten Einflußgrößen hat sich herausgestellt, daß die gleiche Veränderung die Deichselkräfte nicht immer in gleicher Größe und in gleichem Sinne beeinflußt. Eine Veränderung einer oder mehrerer dieser 6 Einflußgrößen bewirkt eine Änderung der gegenseitigen Lage der Schwingungszeiten der Längsschwingung (T_L),

---

38. Es besteht in vielfacher Hinsicht eine bemerkenswerte Ähnlichkeit zwischen dem in diesem Bericht behandelten Fragenbereich "Deichselkräfte" und dem Fragenbereich "Dynamische Radkräfte". In beiden Fällen ist die Unebenheit der Fahrbahn die Ursache für die zusätzlich auftretenden Kräfte

der Zugwagen- und der Anhänger-Nickschwingung (T_N) und der Erregerstoßfolge (T_{Err}); für die Größe der Deichselkräfte ist dabei bestimmend, ob und wie sehr durch Veränderung von einer oder mehreren der Einflußgrößen der Abstand von Resonanzbereichen verringert oder vergrößert wird. Resonanzbereiche, die wie bei allen technischen Konstruktionen auch beim Lastzugbetrieb vermieden werden sollten, können im praktischen Fahrbetrieb nicht ausgeschlossen, meistens nicht einmal erkannt werden.

Nur bei schwingungstechnisch ähnlichen Lastzügen und Lastzugfahrzeugen kann von den Meßergebnissen, die an einem bestimmten Lastzug gewonnen werden, auf die Werte geschlossen werden, die an einem Lastzug mit anderen Gewichten zu erwarten sind. Dementsprechend kann aus den an Lastzügen herkömmlicher Bauart gewonnenen Ergebnissen nicht auf die Verhältnisse an Sonderfahrzeugen, z.B. an Tankwagen, geschlossen werden.

Grundsätzlich sollten alle unnötigen und nicht übersehbaren Elastizitäten an den Fahrzeugen vermieden werden, weil ihre Auswirkung auf das Schwingungsverhalten nicht vorherzusehen ist.

5.15 Anhalt für Lastannahmen

5.151 Höchstkräfte für verschiedene Gewichtsklassen von Lastzügen und Einzelfahrzeugen

Obgleich sich nach den Versuchsergebnissen kein ein für allemal gültiger Zusammenhang zwischen dem Lastzuggewicht und dessen Aufteilung auf die beiden Fahrzeuge einerseits und den Deichselkräften andererseits herausgestellt hat, so empfahl es sich doch, für den Gesamtüberblick die Höchstwerte der unter vielfältigen Bedingungen gemessenen Deichselkräfte in Abhängigkeit von den Lastzuggewichten darzustellen, diese aus besonderen Gründen umgerechnet auf die sogenannten reduzierten Massen.

Bezüglich Abbildung 17 ist ausdrücklich der Vorbehalt zu machen, daß die angedeutete Linie nur die für bestimmte technische Daten von Fahrzeugen und Fahrbahnen ermittelten Höchstwerte einhüllt, daß also unter besonderen Bedingungen auch noch größere Deichselkräfte vorkommen können; es dürfte sich empfehlen, sicherheitshalber im praktischen Fahrbetrieb mit diesen Deichselkräften für bestimmte Werte von Lastzug- und Fahrzeuggewichten zu rechnen; die Werte sind zum Teil erheblich größer als bisher vielfach angenommen wurde. Deichselkräfte bei Fahrvorgängen mit Unfallcharakter sind dabei naturgemäß nicht erfaßt; für sie können die Verbindungsteile nicht bemessen werden.

Nach den Versuchsergebnissen ist es zweckmäßig, die Verbindungsteile entsprechend dem für ein betrachtetes Lastzuggewicht bzw. Zugwagengewicht größtzulässigen Anhängergewicht zu bemessen. Die Kupplungsbefestigungsvorrichtung (z.B. Schlußquerträger und Verstrebung) muß so gestaltet sein, daß gleichermaßen die Aufnahme von Druckkräften wie von Zugkräften möglich ist.

5.152 Festigkeitsansprüche für die Gesamtlaufstrecke

Nach den Meßergebnissen, die unter möglichst umfassenden praxisgetreuen Bedingungen gewonnen wurden, ist für einen 3,5 t-Lastwagen unter bestimmten Annahmen für die Art des Einsatzes die Gesamtheit der die Verbindungsteile beanspruchenden Kräfte, reichend von den selten auftretenden Höchstkräften bis zu den oft einwirkenden kleinen Kräften, ermittelt worden (sog. Festigkeitsansprüche); die in Abbildung 18 durch die Linien A und B gekennzeichneten Werte können als jedenfalls zu berücksichtigende Anhaltswerte für die Bemessung der Verbindungsteile und für die Durchführung von Betriebsfestigkeitsversuchen dienen.

Eine Aussage darüber, ob die Haltbarkeit der Verbindungsteile, insbesondere der Schlußquerträger, mehr von den selten auftretenden Höchstkräften oder mehr von den mit großer Häufigkeit auftretenden kleineren Kräften abhängt, m.a.W., welche Form der Deichselkrafthäufigkeitskurve für die Haltbarkeit der Verbindungsteile günstiger ist, läßt sich erst nach den Ergebnissen noch durchzuführender Betriebsfestigkeitsversuche machen [39].

5.2 Möglichkeiten zur Verringerung der Deichselkräfte

Gegenüber den anderen technischen Einflußgrößen, die im Fahrbetrieb zum Teil frei gewählt werden können, überwiegen nach den Meßergebnissen die Einflüsse der Fahrbahnbeschaffenheit und daneben diejenigen der Federungseigenschaften der Fahrzeuge des Lastzuges.

---

39. Der Verfasser neigt auf Grund von Beobachtungen bei der schadensstatistischen Untersuchung zunächst zu der Auffassung, daß für die Teile der Kupplungsbefestigungsvorrichtung die größten Deichselkräfte am schädlichsten sind. Die kleineren Deichselkräfte werden trotz ihrer größeren Häufigkeit für weniger schädlich gehalten

Diese Einflüsse können, weil sie ebenso wie die Fahrgeschwindigkeit und Belastungsverhältnisse wechselnd sind, von den zur Zeit handelsüblichen Anhängerkupplungen nicht unter allen Betriebsbedingungen kompensiert werden.

Realisierbare Möglichkeiten zur Verringerung der Deichselkräfte durch Weiterentwicklung der Anhängerkupplungen dürften vorhanden sein. Allerdings werden auch durch Kupplungen etwaiger neuer Bauarten voraussichtlich Größe und Häufigkeit der Deichselkräfte nicht für alle vorkommenden, sondern nur für bestimmte Betriebsbedingungen verringert werden können. Trotzdem wäre dies als Fortschritt zu werten, sofern nicht für andere Bedingungen die Deichselkräfte gegenüber den bisherigen Ausführungen unzulässig größer oder öfter auftreten; der notwendige Abstand zwischen den Linien des Festigkeitsangebotes und der Festigkeitsansprüche darf an keiner Stelle des Bereichs der Häufigkeitskurve unterschritten werden.

Das wirksamste Mittel zur Verringerung der Deichselkräfte ist die Ebenheit der Fahrbahn.

Die Deichselkräfte werden sich durch die schwingungstechnische Abstimmung gewisser Einflußgrößen, z.B. fahrzeugseitig durch Verbesserung der Federungseigenschaften von Zugwagen und Anhängern (u.a. lastabhängige Federhärte, gegebenenfalls Stoßdämpfer) und, allerdings nur in beschränktem Umfang, in Einzelfällen auch je nach Transportaufgabe durch zweckentsprechende Lastverteilung auf die beiden Fahrzeuge und auf den Fahrzeugen selbst verringern lassen.

Der Erfolg baulicher Maßnahmen zur Verringerung der Deichselkräfte hängt von dem richtigen Zusammenwirken der zahlreichen Veränderlichen ab; das kann nicht vorausbestimmt werden, weil die Fahrbahnunebenheiten nach Höhe, Form und Abstand und weil auch die fahrzeugseitigen Einflüsse wie Fahrgeschwindigkeit und Ladezustand sehr verschieden sind.

Für Fahrzeuge aber, bei denen nach ihrem Verwendungszweck mit Dauerbetrieb auf stark unebenen Fahrbahnen und mit schwerster Beanspruchung zu rechnen ist, werden bei dem heutigen Entwicklungsstand die Verbindungsteile im Interesse der Verkehrssicherheit als entsprechend zu überwachende Verschleißteile angesehen und entsprechend behandelt werden müssen. Für bestimmte Bedingungen erscheint sogar die Verwendung der früher bewährten Sicherheitsketten vorteilhaft, wenn sie auch als unzeitgemäß angesehen werden mögen.

5.3 Folgerungen

Einige konstruktive Gesichtspunkte zur Vermeidung von Schäden, die häufig an Kupplungsbefestigungen herkömmlicher Bauart auftreten, sind angegeben, Abbildung 19.

Vergleichsmessungen, durch die der Einfluß von konstruktiven Maßnahmen auf die Deichselkräfte festgestellt werden soll, müssen durchgeführt werden unter einheitlichen Versuchsbedingungen im ganzen Geschwindigkeitsbereich, auf Fahrbahnen verschiedener Unebenheit, im ganzen Nutzlastbereich und bei allen vorkommenden Lastverteilungen. Nur derart wird man auch zu einer richtigen Bewertung von Anhängerkupplungen gelangen können.

Arbeiten zur Entwicklung beanspruchungsvermindernder Anhängerkupplungen sollten fortgesetzt werden. Mit Kupplungen, die unter allen Betriebsbedingungen optimale Deichselkräfte ergeben, kann aber bei technisch vertretbarem Aufwand wohl nicht gerechnet werden, da solche Kupplungen befähigt sein müßten, ihre Wirkung selbsttätig den wechselnden schwingungstechnischen Bedingungen anzupassen.

Da die Möglichkeiten, durch konstruktive oder betriebliche Maßnahmen unter allen Betriebsbedingungen optimale Deichselkräfte zu erreichen, begrenzt sind, wird sich die Entwicklung auch auf die weitere Erhöhung des Festigkeitsangebotes der Verbindungsteile zu erstrecken haben. Hierzu ist es nötig, umfassende Unterlagen für die beanspruchungsgerechte Gestaltung der Verbindungsteile zu gewinnen; deshalb werden zunächst Verbindungsteile bewährter und weniger bewährter Ausführungen hinsichtlich ihres Festigkeitsangebotes zu untersuchen sein.

Trotz aller Verbesserungsmaßnahmen wird es aber nicht möglich sein, die Verbindungsteile gegen alle erdenkbaren Überbeanspruchungen, wie sie gelegentlich bei regelwidrigen Fahrvorgängen auftreten können, unbedingt sicher zu gestalten. Da jedoch Schäden bei angemessener Erfüllung der Sorgfaltspflicht fast immer wahrgenommen werden können, bevor sie einen verkehrsgefährdenden Umfang erreichen, ist die laufende Überwachung des Zustandes der Verbindungsteile sicherzustellen.

Für die Mehrzahl der Fahrzeuge, das sind die im Straßenverkehr eingesetzten Fahrzeuge, ist das wirksamste Mittel, Schäden an den Verbindungsteilen vorzubeugen, die Verkleinerung der Deichselkräfte durch die auch aus

Forschungsberichte des Wirtschafts- und Verkehrsministeriums Nordrhein-Westfalen

anderen Gründen gebotene Beseitigung der Entstehungsursache; das ist die Unebenheit der Fahrbahn.

Prof. Dr.-Ing. Ernst ESSERS
Institut für Kraftfahrwesen
Technische Hochschule Aachen

6. Literaturverzeichnis

(1) KAMM und RIEKERT — Versuche mit selbsttätigen Bremsen für Kraftfahrzeug-Anhänger, Z.d.VDI 1934

(2) DIETZ und HUBER — Bremsung des Lastzuges, Deutsche Kraftfahrtforschung, Heft 32, 1939

(3) BODE — Untersuchungen an Bremsventilen von Druckluftbremsen bei Lkw und Anhängern, Deutsche Kraftfahrtforschung, Heft 42, 1940

(4) MÜLLER, GUIDO — Versuche mit Auflaufbremsen, TÜV München 1949

(5) WEDEMEYER — Anhängerkupplungen, Das Nutzfahrzeug, Heft 12, 1951

(6) BODE — Heutiger Stand der Lastzugbremsen, Bremsentagung Hannover 1951 (ATG-Berichte der Arbeitsgemeinschaft Kraftfahrzeugtechnik, Heft 1)

(7) MÖLLER — Probleme der Lastzugbremsung, (wie 6)

(8) KRÜGL — Berechnung der Befestigungsschrauben von Anhängerkupplungen, Brennstoff, Wärme, Kraft (BWK), Heft 9, 1952

(9) MARQUARD — Schwingungsdynamik des schnellen Straßenfahrzeuges, Girardet-Verlag, Essen, 1952

(10) SVENSON, BAUTZ, GASSNER — Untersuchung über die Größe und Häufigkeit der Betriebskräfte zwischen Zugwagen und Anhänger, Deutsche Kraftfahrtforschung, Techn. Bericht Nr. 1/1955. Bericht des Laboratoriums für Betriebsfestigkeit Nr. 197 [40])

Forschungsberichte des Wirtschafts- und Verkehrsministeriums Nordrhein-Westfalen

(11) GÖTTLER   Beitrag zur Erforschung der dynamischen Belastung und Belastbarkeit von Anhängerkupplungen bei Lastzügen, Dissertation T.H. München, 1954

(12) WEDEMEYER   Schwingungen des Kraftfahrzeuges und der Motoren, Techn. Verlag Herbert Cram, Berlin W 35, 1954

(13) BODE und ZUHN   Bericht 145 des Inst. f. Kraftfahrwesen der T.H. Hannover 1955, auch: Deutsche Kraftfahrtforschung, Heft 92, 1956: Versuche zur Ermittlung der dynamischen Beanspruchung von Einrichtungen zur Verbindung von Fahrzeugen als Grundlagen für ein dynamisches Prüfverfahren und zur Bewertung von Anhängerkupplungen [40)]

(14) SCHILLING   Betriebsbeanspruchungen im Fahrzeugbau und Ermittlung der Lastannahmen für die Bemessung der Fahrzeugteile, SAE Quart.Trans. April 1951, S. 292/297

(15) ESSERS, I.   Über gekoppelte Schwingungen an Lastzügen, demnächst in: Zeitschrift für Flugwissenschaften, Bd. 4, 1956, Heft 5/6

---

40. Auf Anregung des Bundesverkehrsministeriums haben im Sommer 1954 Besprechungen zwischen Prof. BODE, Dr.-Ing. SVENSON und dem Verfasser zum Austausch von Erfahrungen und zur Abstimmung der Arbeiten stattgefunden

Forschungsberichte des Wirtschafts- und Verkehrsministeriums Nordrhein-Westfalen

<u>A n h a n g   1</u>

7.1 Zur Übertragbarkeit der Meßwerte

Zu den für das Schwingungsverhalten maßgebenden Bestimmungsgrößen, die im praktischen Fahrbetrieb frei gewählt werden können, zählt neben der Fahrgeschwindigkeit die Nutzlast. Der Nutzlasteinfluß, der bereits am Beispiel des mittelschweren Lastzuges A behandelt worden ist, wurde daher auch an den schweren Lastzügen C und D eingehend untersucht; durch Messungen an schweren Lastzügen war auch eine Klärung der Frage zu erwarten, ob, wie bei Schadensfällen an Verbindungsteilen oft behauptet, dem Anhängergewicht und damit gegebenenfalls der Überlastung entscheidende Bedeutung beizumessen ist.

An den beiden Lastzügen C und D wurden bei verschiedenen Beladezuständen der Anhänger auf je 12 verschiedenen Strecken, darunter auf einer von ihnen mit 5 verschiedenen Geschwindigkeiten, insgesamt also auf 16 Meßfahrten, Deichselkraftmessungen durchgeführt. Als charakteristische Werte sind in Abbildung 20 die dabei ermittelten Spitzenwerte P_1 der Zug- und Druckkräfte angegeben.

Neben diesen Werten wurden in die graphische Darstellung, für die als Abszisse aus schwingungstechnischen Überlegungen die reduzierte Masse m_{red} gewählt wurde, in Abbildung 21 eingetragen, zusammengefaßt je für voll beladene und für halb beladene Zugwagen:

P'_{max} aus den Schrieben ermittelt als größte Deichselkraft, die für jedes der fünf Anhängergewichte auf einer der je 16 Meßfahrten gemessen worden ist,

P_{1-25} als größte Deichselkraft bei Meßfahrt mit V = 25 km/h auf schlechter Strecke Jü 1,

P_{1-40} als größte Deichselkraft bei Meßfahrt mit V = 40 km/h auf schlechter Strecke Jü 2,

P_{1-mi} als Mittelwert der größten Deichselkräfte für jeden der Beladezustände auf den je 16 Meßfahrten.

Je getrennt für zweiachsigen und dreiachsigen Anhänger betrachtet, ist für beide Lastzustände des Zugwagens aus der Lage der Meßpunkte die gleiche Tendenz des Gewichtseinflusses zu erkennen. Das zeigt, daß sich die

Forschungsberichte des Wirtschafts- und Verkehrsministeriums Nordrhein-Westfalen

Zugwagen voll beladen $G_Z = 16{,}2$ t

Meßstrecke	Jü.1	Jü.2	Kre.1	Kre.2	AZ 1	AZ 2	AA 1	AA 2	Br.4	Br.5	Br.6	Meßstelle We. mit versch. Geschw.					Zug
Geschw. in km/h	25	40	40	25	25	25	25	25	50	60	68	25	30	40	50	60	Druck
Zweiachs-Anhänger leer $G_A = 4{,}5$ t	2 / -2	1,5 / -2	2 / -1	1,5 / -1,5			2 / -1,5	2,5 / -2	3 / -2	1,5 / -2	1,5 / -1	1 / -1,5	1,5 / -1,5	1,5 / -1,5	3 / -2	2,5 / -2	
voll $G_A = 15{,}6$ t	4,5 / -4	3 / -3	3 / -2,5	4,5 / -3	4 / -3,5	4,5 / -3,5	5 / -4,5	3 / -2,5	2,5 / -2,5	3 / -2,5	2 / -2	2,5 / -2	3 / -2	4 / -3,5	3,5 / -3	3 / -2	
Dreiachs-Anhänger leer $G_A = 6{,}4$ t	4,5 / -3,5	5 / -4,5	4 / -3	3,5 / -2,5		4 / -2,5	3,5 / -2,5	3 / -2	3 / -2,5	4,5 / -3	4 / -3			3 / -3,5	4 / -3	5 / -4,5	
halbvoll $G_A = 15{,}6$ t	3,5 / -3,5	2,5 / -3	3 / -2,5	2,5 / -1,5		2,5 / -3	3,5 / -3,5	3,5 / -2,5	3 / -2,5	3 / -3	2 / -2,5	2,5 / -2	2,5 / -2	3 / -2,5	3,5 / -3	3,5 / -2,5	
voll $G_A = 24$ t	4 / -4	3 / -3	3 / -2	3 / -1		2,5 / -3	2,5 / -3	3,5 / -2,5	4 / -3	3 / -3	3 / -3	2,5 / -3	3 / -3	3 / -3	3 / -4	3,5 / -2,5	

Strecke																	
	1	2	3	4	5	6	7	8	9	10	11			12			

Zugwagen halbvoll beladen $G_Z = 12{,}2$ t

Meßstrecke	Jü.1	Jü.2	Kre.1	Kre.2	AZ 1	AZ 2	AA 1	AA 2	Br.4	Br.5	Br.6	Meßstelle We. mit versch. Geschw.				
Geschw. in km/h	25	40	40	25	25	25	25	25	50	60	68	25	30	40	50	60
Zweiachs-Anhänger leer $G_A = 4{,}5$ t	1,5 / -2	2,5 / -2	1,5 / -1	1 / -1,5	1,5 / -2	2 / -1,5	1,5 / -1		2 / -2	2 / -2	1,5 / -1,5	1,5 / -1,5	1 / -1,5	1 / -1,5	2,5 / -2	2 / -2,5
voll $G_A = 15{,}6$ t	3,5 / -3,5	3 / -3	2,5 / -2,5	2,5 / -2,5	2,5 / -2,5	3,5 / -4	4 / -4	3,5 / -3	1,5 / -2,5	2 / -2,5	1,5 / -2	2,5 / -3	2 / -2	3 / -3	2 / -2	3 / -3
Dreiachs-Anhänger leer $G_A = 6{,}4$ t	3,5 / -4	6 / -5	3 / -3	2,5 / -2	2 / -2	3 / -2	3,5 / -2		3 / -2	2,5 / -3	3,5 / -3	2,5 / -1,5	2 / -2	4 / -2	4 / -3,5	3 / -3
halbvoll $G_A = 15{,}6$ t	2,5 / -3	1,5 / -2,5	1,5 / -2	2,5 / -1,5	1 / -2,5	2,5 / -2,5	3 / -4	1,5 / -1,5	1,5 / -3,5	1,5 / -1,5	1 / -2	2 / -2	2 / -2	2 / -2	2 / -1,5	2,5 / -4
voll $G_A = 24$ t	1,5 / -2,5	1,5 / -2	2 / -1	3 / -1,5	2 / -2	2 / -2	3 / -2	2,5 / -1,5	2 / -2			2 / -2	2 / -2	2 / -1,5	2 / -2,5	2,5 / -2

A b b i l d u n g   20

Deichselkräfte am Lastzug C und D bei verschiedenen Lastzuständen und Fahrgeschwindigkeiten

Forschungsberichte des Wirtschafts- und Verkehrsministeriums Nordrhein-Westfalen

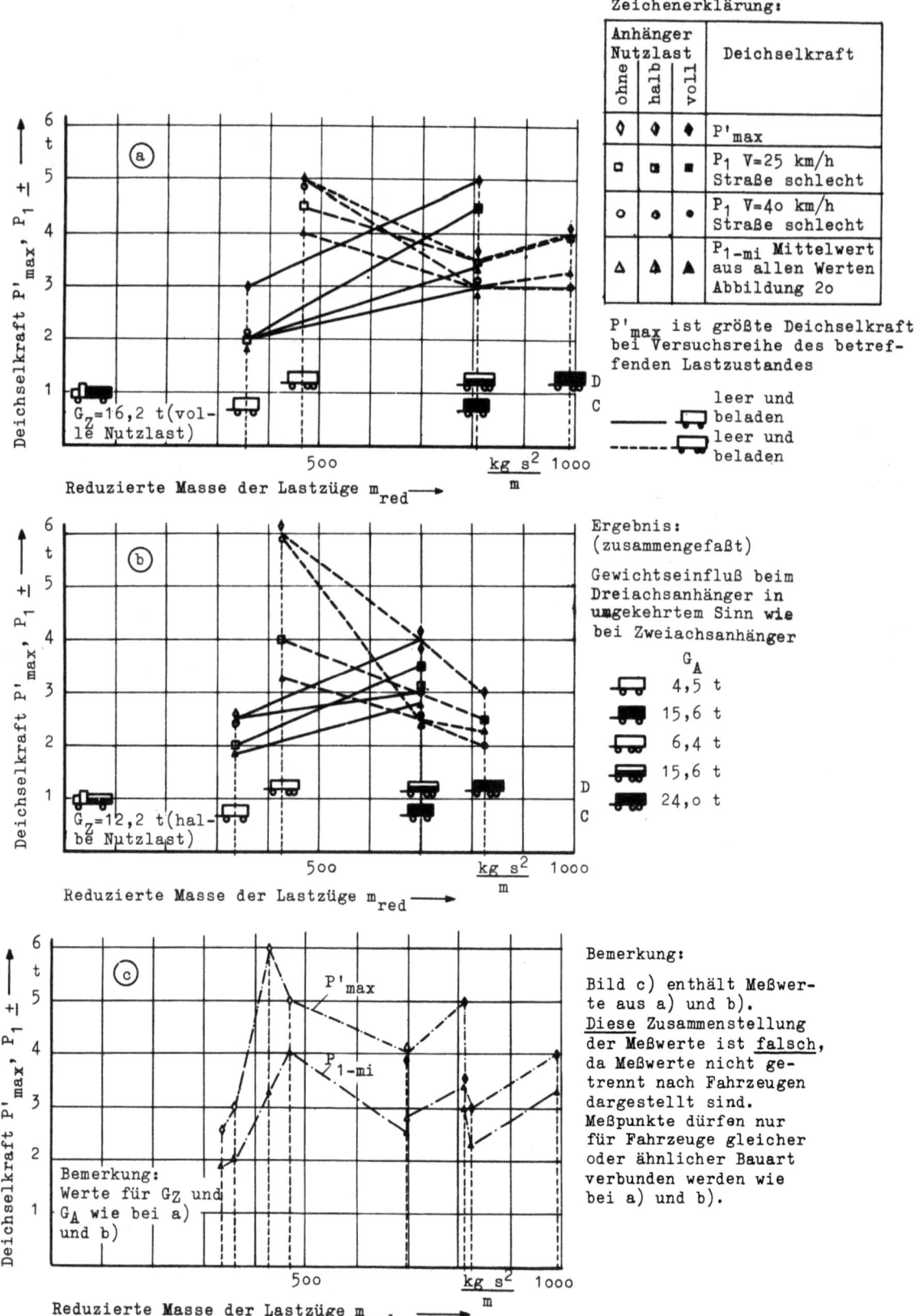

Abbildung 21
Zusammenhang zwischen Fahrzeuggewicht-Fahrzeugart-Deichselkräfte
(Lastzug C und D)

Meßwerte nicht durch Zufälligkeiten der Versuchsbedingungen, z.B. durch besonders große Resonanzerscheinungen, ergeben haben, sondern für diese Lastzüge und für die genannten Versuchsbedingungen eine gewisse Allgemeingültigkeit haben.

Aber:

Die Tendenz ist für die beiden Anhänger in der Umkehrung vorhanden, wie sich das auch schon bei Abbildung 17 gezeigt hat; das gilt je für volle und halbe Zugwagennutzlast. Die maximalen Deichselkräfte sind bei:

1) Zugwagennutzlast: voll

	Bei Anhängernutzlast		
	voll	halb	ohne
Anhänger: Zweiachser	größte	nicht gemessen	kleinste
Anhänger: Dreiachser	fast kleinste	kleinste	größte

2) Zugwagennutzlast: halb

Anhänger: Zweiachser	größte	nicht gemessen	kleinste
Anhänger: Dreiachser	kleinste	mittlere	größte

Die Ursache für den gegensätzlichen funktionalen Zusammenhang bei diesem Zweiachs- und Dreiachsanhänger ist in dem sich unterschiedlich mit der Belastung ändernden (Vertikal-)Federungsverhalten der beiden Anhänger zu suchen.

Es hat sich also kein ein für allemal gültiger Zusammenhang zwischen Fahrzeuggewichten und Deichselkräften herausgestellt; das war nach den schwingungstechnischen Überlegungen auch nicht zu erwarten. Die Übertragung von Meßwerten, die an bestimmten Fahrzeugen gewonnen worden sind, auf Fahrzeuge mit anderen technischen Daten ist also nur bei schwingungstechnisch ähnlichen Fahrzeugen zulässig. Vergleiche Absatz 1.2.

Wird nicht beachtet, daß ein Zusammenhang zwischen den sich mit der Belastung ändernden (Vertikal-)Federungseigenschaften der Fahrzeuge und den Deichselkräften besteht, daß also die Meßwerte getrennt je nach Fahrzeugen betrachtet und so in der graphischen Darstellung behandelt werden müssen, - verbindet man sie dementgegen durchgehend, so gelangt man zu einer irreführenden Darstellung, die nicht gedeutet werden kann (Abb. 21c).

Forschungsberichte des Wirtschafts- und Verkehrsministeriums Nordrhein-Westfalen

Nach den eingangs genannten Überlegungen über das Schwingungssystem stellt sich die Frage, die allerdings nur theoretisches Interesse hat, ob es möglich ist, die technischen Daten eines Lastzuges so aufeinander abzustimmen, daß die Deichselkraft einen Kleinstwert erreicht, so daß sich also z.B. ein Bestwert für das Verhältnis von Deichselkraft zu Nutzlast ergibt.

Für eine bestimmte Transportaufgabe kann sich durch entsprechende Wahl des Anhängers und durch richtige Nutzlastverteilung ein solcher Bestwert ergeben.

Beispiel:

Zugwagen	G_{NZ} t		Anhänger G_{NA} t	Nutzlast gesamt G_N t	P_{max} t	$\dfrac{P_{max}}{G_N}$
D	4	mit	Dreiachser 17,6	21,6	3	0,14
D	8	mit	Zweiachser 11,1	19,1	5	0,26

In der Praxis wird aber bei frei wählbarer Nutzlastverteilung aus fahrtechnischen Gründen der Zugwagen immer möglichst voll auszulasten sein.

Forschungsberichte des Wirtschafts- und Verkehrsministeriums Nordrhein-Westfalen

A n h a n g 2 [41]

7.2 Langstreckenfahrten mit Lastzug E

Um einen Überblick über Größe und Häufigkeit der Deichselkräfte an Lastzügen im Fernverkehr zu erhalten, wurden mit dem Lastzug E (6 t-Zugwagen mit zweiachsigem 12 t-Anhänger) einige Meßfahrten über Langstrecken ausgeführt.

I. Streckenangaben (Abb. 22)

Die Streckenanteile bestanden aus Autobahn, Autobahnzubringer, sogenannte Kraftfahrstraßen und Stadtstraßen.

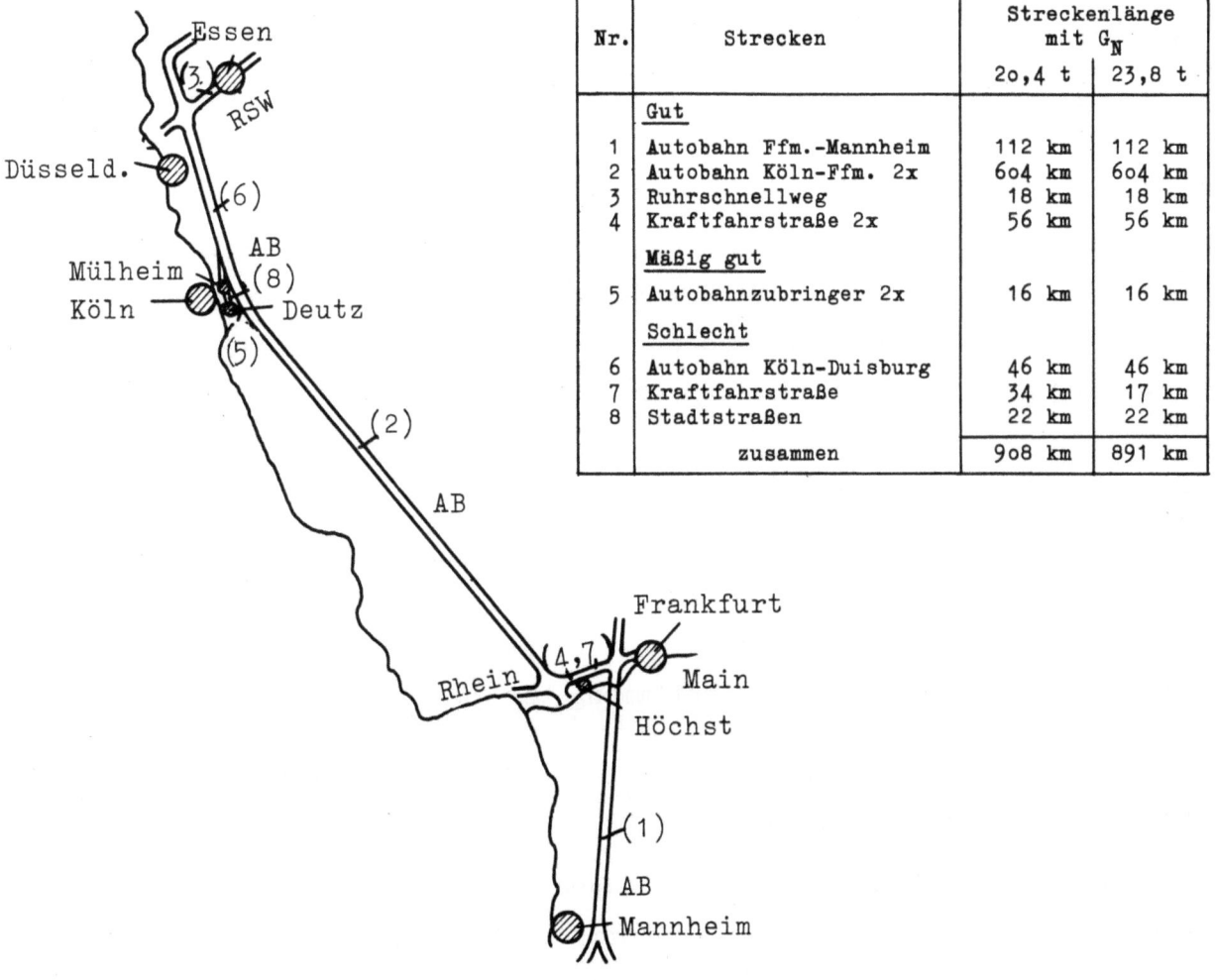

Nr.	Strecken	Streckenlänge mit G_N	
		20,4 t	23,8 t
	Gut		
1	Autobahn Ffm.-Mannheim	112 km	112 km
2	Autobahn Köln-Ffm. 2x	604 km	604 km
3	Ruhrschnellweg	18 km	18 km
4	Kraftfahrstraße 2x	56 km	56 km
	Mäßig gut		
5	Autobahnzubringer 2x	16 km	16 km
	Schlecht		
6	Autobahn Köln-Duisburg	46 km	46 km
7	Kraftfahrstraße	34 km	17 km
8	Stadtstraßen	22 km	22 km
	zusammen	908 km	891 km

A b b i l d u n g 22

Langstreckenmeßfahrten mit Lastzug E

---

41. An der Bearbeitung dieses Arbeitsabschnittes hatte Herr Ass. H. HAHN besonderen Anteil; von ihm wurden die Meßfahrten durchgeführt

Gewichte	G_Z t	G_A t	G_{ZA} t	G_N t	c_K t/cm	Strecke km
Fahrt A	15,22	16,38	31,6	20,4	6,4	908
Fahrt B	16,74	18,32	35,06	23,9	6,4	891

II. Meßgeräte und Versuchsdurchführung

Als Kraftmesser wurde die Kupplungsfeder (Kennlinie Nullpunktsgerade c_K = 6,4 t/cm) verwendet. Die Federwege wurden gleichzeitig mit einem Federwegschreiber (Vorschubgeschwindigkeit rund 2,9 mm/sec) und mit einem Stufenkontaktgeber mit Zählwerken ermittelt. Die Berechtigung zur Verwendung der dämpfungsarmen Schraubenfeder war durch Vorversuche nachgewiesen; bei ihnen hatte sich herausgestellt, daß sich mit dieser Schraubenfeder praktisch das gleiche Schwingungsverhalten des Lastzuges ergab wie bei der handelsüblichen Kupplung, mit welcher der Lastzug angeliefert worden war.

Die Fahrgeschwindigkeit wurde abschnittsweise gemäß den Verkehrsbedingungen der charakteristischen Streckenabschnitte angesetzt; es wurde, um für die Abschnitte einen der Praxis entsprechenden Bewertungsmaßstab zu erhalten, mit möglichst gleichbleibender Geschwindigkeit zügig gefahren.

III. Auswertung und Ergebnisse

1) Die Zählwerksangaben wurden für zahlreiche charakteristische Strecken-Teilabschnitte in Vergleich gesetzt zu den aus den Federwegschrieben (mit beträchtlichem Zeitaufwand) ermittelten Werten von Größe und Häufigkeit der Deichselkräfte. Die Übereinstimmung war gut.

2) In Abbildung 23 sind Federwegschriebe von charakteristischen Streckenabschnitten dargestellt.

 a) Die beiden obersten Schriebe haben das kennzeichnende Aussehen von Deichselkraftschrieben auf horizontalen Autobahnstrecken; vereinzelt sind auch Druckkräfte von beträchtlicher Größe aufgetreten.

 b) Die zwei mittleren Schriebe sind auf einer Autobahnstrecke mit ähnlicher Oberflächengüte in Steigungen aufgenommen. Die Verlagerung der Schriebe in den Bereich der Zugkräfte ist zu erkennen.

Forschungsberichte des Wirtschafts- und Verkehrsministeriums Nordrhein-Westfalen

Autobahn Köln - Frankfurt (Ebene)

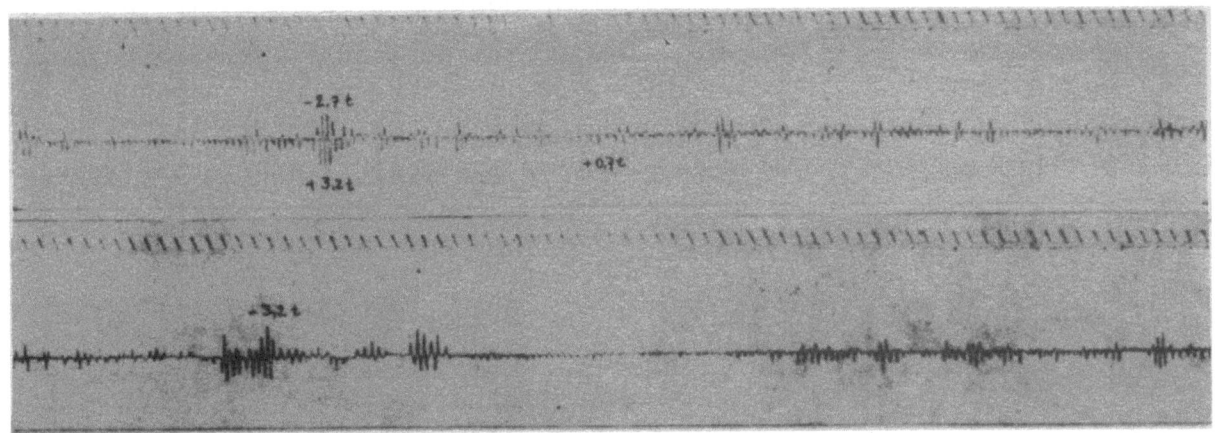

Autobahn Köln - Frankfurt (Steigung)

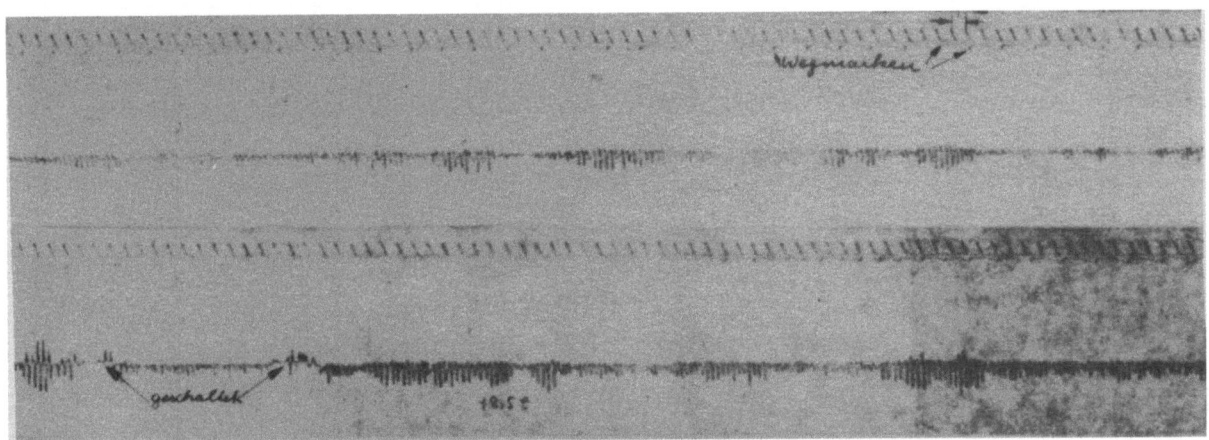

Köln - Mühlheim nach Köln - Deutz (schlechte Stadtstraße)

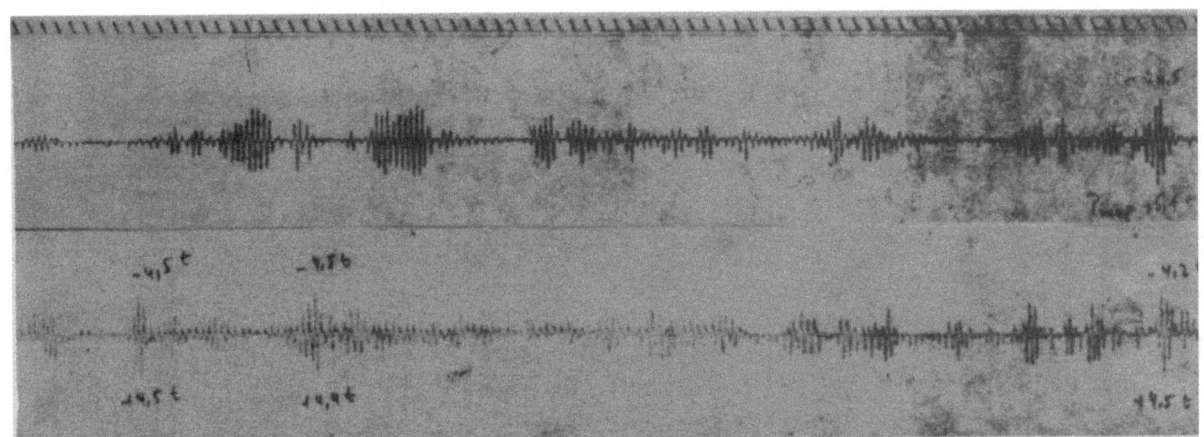

G_Z = 15,22 t G_A = 16,38 t c_K = 6,4 t/cm   Straßenzustand s. Abb. 22

A b b i l d u n g 23

Federwegschriebe auf Streckenabschnitten
der Langstreckenmeßfahrten mit Lastzug E

c) Die beiden untersten Schriebe sind auf Stadtstraßen bei den Fahrten vom und zum Abstellplatz aufgenommen worden; dafür wurden die verkehrsüblichen, also keine besonders ausgesuchten schlechten Straßen benutzt.

3) Die Deichselkräfte sind in Abbildung 24 in der üblichen Häufigkeitsdarstellung angegeben für Fahrt A. Die Fahrt B erbrachte fast gleiche Ergebnisse.

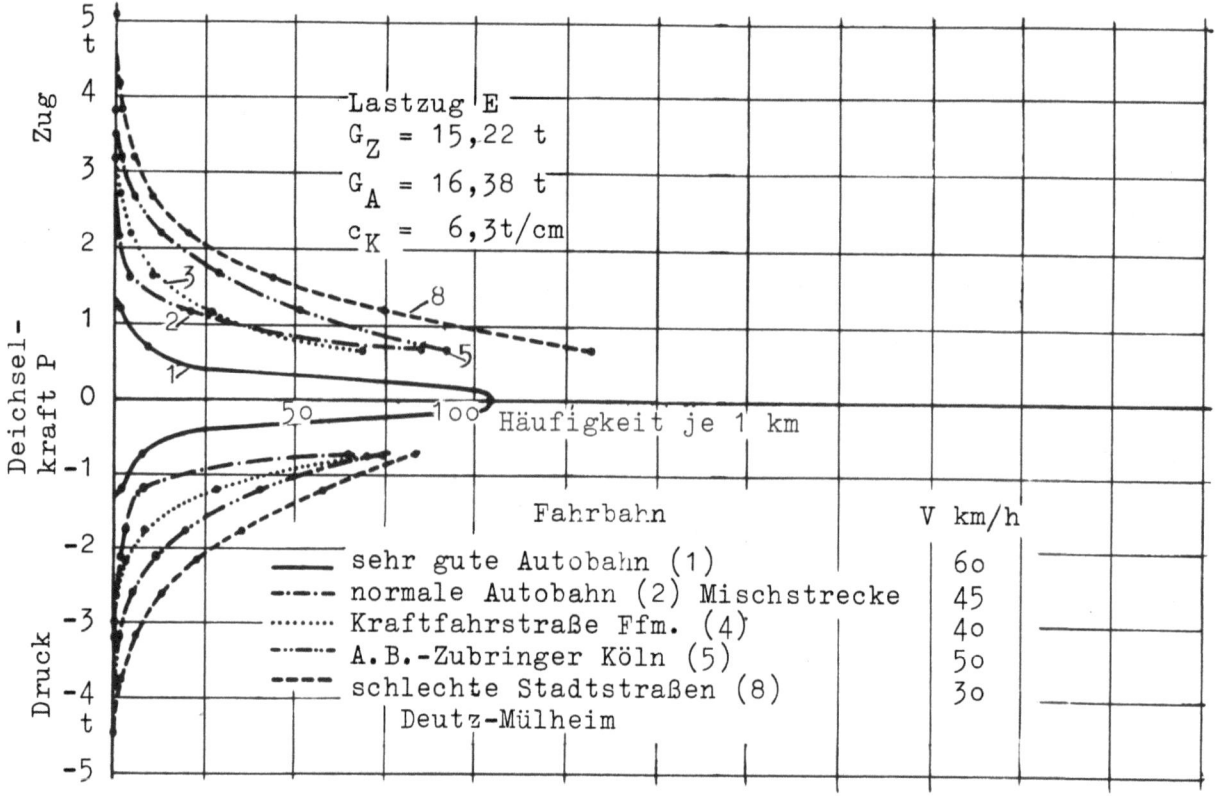

Abbildung 24

Deichselkrafthäufigkeitswerte auf Streckenabschnitten der Langstreckenmeßfahrten mit Lastzug E

4) Höchstkräfte; es wurden gemessen:

	P_{max} t	Ort	Häufigkeit	V km/h
Fahrt A	5,1	Stadtstraße Mülheim n. Deutz	2 mal	30 .. 35
		Stadtstraße Deutz n. Mülheim	1 mal	30 .. 35
		Autobahn Köln n. Düsseldorf	3 mal	30 .. 35
Fahrt B	4,8	Stadtstraße Deutz n. Mülheim	2 mal	30 .. 35
		Kraftfahrstraße Höchst n. Ffm.	2 mal	30 .. 35

IV. Allgemeine Beurteilung

Die Meßwerte auf der Großstadtstraße sind bemerkenswert.

Forschungsberichte des Wirtschafts- und Verkehrsministeriums Nordrhein-Westfalen

A n h a n g 3 [42)]

7.3 Versuchstechnischer Nachweis der Koppelung zwischen Längs- und Nickschwingungen

Nach den Ergebnissen der Deichselkraftmessungen und überschläglicher Berechnungen ist der Schwingungsvorgang in beträchtlichem Maße durch das Nickschwingungsverhalten der Fahrzeuge mitbestimmt. Zum Nachweis der Zusammenhänge wurden einige besondere Messungen durchgeführt.

I. Längsschwingungen regen Nickschwingungen an

Beispiel A

Gleichzeitig mit den Deichselkräften wurden die Nickschwingungen des Anhängers gemessen. Das Gerät zeichnet unabhängig von translatorischen Bewegungen die Nickbewegungen des Anhängeraufbaues auf.

Bei dem Versuch wurde der in einer Steigung von 3 v.H. stehende Lastzug im kleinsten Schaltgang bei absichtlich etwas ungeschicktem Einkuppeln angefahren; die Fahrbahn war ohne Unebenheiten. Durch die ruckweise fassende Kupplung wurden vom Zugwagen 7 Vortriebsstöße in rund 2 Sekunden auf die Deichsel übertragen. Die auf dem Anhänger gemessenen Nickschwingungen können, da keine Erregerstöße durch Fahrbahnunebenheiten vorhanden waren, nur durch die Deichselkräfte hervorgerufen worden sein; es liegt also eine Koppelung zwischen Längs- und Nickschwingungen vor:

Zum Vergleich ist ein Nickschwingungsschrieb auf schlechter Fahrbahn wiedergegeben (Abb. 25).

Beispiel B

Um Längsschwingungen zu erzeugen, die nicht von Fahrbahnerregerstößen herrühren, wurde zwischen Anhängerzuggabel und Schlußquerträger ein in der Länge verstellbarer Druckstab angebracht. Durch ihn konnte die Zugstange gegen die Federkraft um ein einstellbares Maß aus dem Kupplungsgehäuse herausgezogen werden (Abb. 26).

[42.] An den Untersuchungen über Nickschwingungen hatte cand. U. ESSERS besonderen Anteil

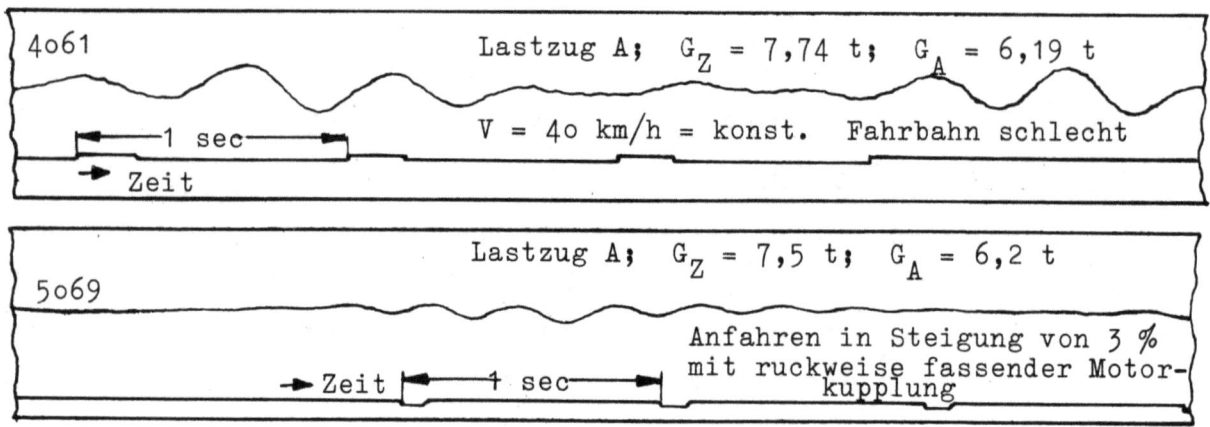

Abbildung 25

Nickschwingungen des Anhängers

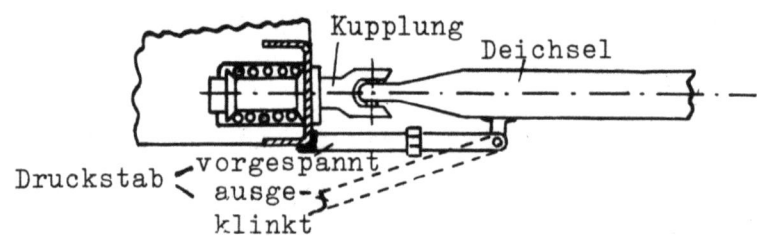

Abbildung 26

Der Druckstab wurde bei Fahrt im Geschwindigkeitsbeharrungszustand ausgeklinkt. Dadurch wurde eine Längsschwingung der Fahrzeuge gegeneinander verursacht.

Einige der bei verschieden stark herausgezogener Zugstange und bei verschiedenen Geschwindigkeiten auf guter Fahrbahn aufgenommenen Federwegschriebe zeigt Abbildung 27. Die Schriebe lassen die Energiewanderung erkennen, wie sie auch sonst bei gekoppelten Schwingungen besteht. Erwartungsgemäß ist kein Geschwindigkeitseinfluß vorhanden; die Schwingungsbilder sind allein durch die Größe der Verspannung bestimmt.

II. Einfluß der Nickschwingungen auf die Längsschwingungen

Abbildung 28 zeigt zwei Paare von Deichselkraftschrieben von auf dem gleichen Streckenstück ausgeführten Vergleichsfahrten mit verschiedener Lastverteilung auf dem Anhänger bei sonst gleichen Versuchsbedingungen wie z.B. für Gewicht der Nutzlast, Fahrgeschwindigkeit, Zugwagenbelastung und Kupplung.

Vers. Nr.	Fahr-geschw. V km/h	Kupplung Federweg s mm	Kupplung Federkraft P t
1	25	6	2
2	25	8	2,8
3	40	9,1	3,2
4	40	9,7	3,5

Deichselkraftschriebe bei Fahrt

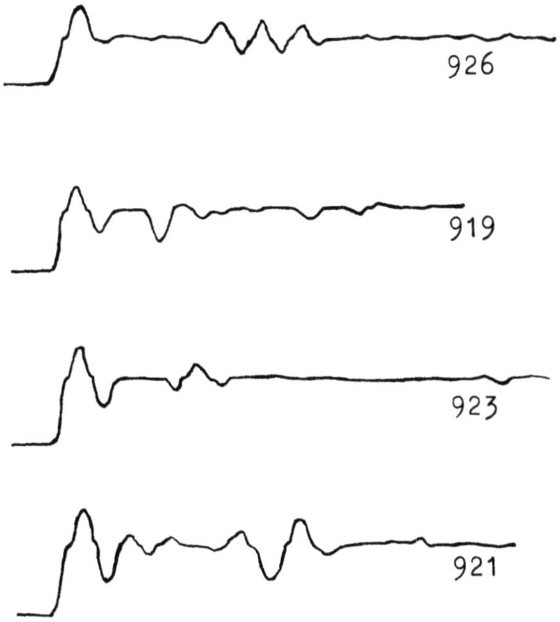

926

919

923

921

Bemerkungen: Durch Druckstab werden die Fahrzeuge gegen die Spannung der Kupplungsfeder auseinandergedrückt. Beim Ausklinken beschleunigt die Federkraft die Fahrzeuge gegeneinander.
Beim Abklingen der Längsschwingung Energiewanderung.
Lastzug A $G_Z = 7,5$ t, $G_A = 6,1$ t,   Straße sehr gut

Abbildung 27
Durch Vorrichtung nach Abbildung 26 beim Fahren
ausgelöste Längsschwingungen

Der deutliche Unterschied der Federwegschriebe bei Zustand a gegenüber Zustand b (Abb. 28) ist ausschließlich auf die Änderung des Nickschwingungsverhaltens des Anhängers durch die Änderung des Trägheitsmomentes J_A zurückzuführen; auch durch diesen Versuch ist also die Koppelung zwischen Längs- und Nickschwingung nachgewiesen. Bestünde diese Koppelung nicht, so würde das unterschiedliche Nickschwingungsverhalten den Deichselkraftschrieb nicht beeinflußt haben.

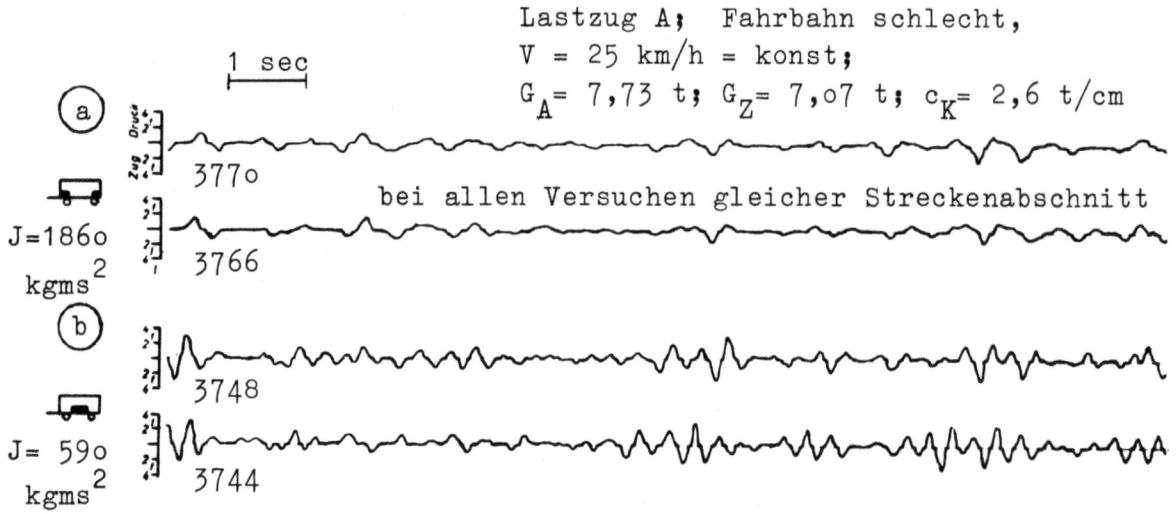

Abbildung 28

Koppelung von Längs- und Nickschwingungen bei verschiedener Lastverteilung auf dem Anhänger

Für jeden der beiden Versuchszustände ist die Meßfahrt zweimal ausgeführt worden; kleine Unterschiede in den Deichselkraftschrieben sind dabei erkennbar; sie sind zurückzuführen auf Abweichungen in der Fahrspur. Die Unterschiede gegenüber dem anderen Versuchszustand sind jedoch augenfällig.

Forschungsberichte des Wirtschafts- und Verkehrsministeriums Nordrhein-Westfalen

A n h a n g 4

7.4 Bewegungen des Aufbaues gegenüber dem Fahrzeugrahmen

An dem Schwingungsvorgang sind, prinzipiell betrachtet, zahlreiche Massen mit ihren Federungen mit verschieden großem Einfluß beteiligt. Dazu zählt der Aufbau (sog. Pritsche), der infolge elastischer Formänderungen seiner tragenden Teile Schwingungen gegenüber dem Fahrzeugrahmen ausführen kann.

Um die Größe dieses Einflusses zu klären, wurden einige Sondermessungen am Lastzug A durchgeführt mit

a) serienmäßiger Ausführung der Pritsche des Zugwagens,

b) durch Verstrebungen versteifter Ausführung der Pritsche des Zugwagens.

I. Messungen am Zugwagen A im Stand (Nutzlast 3,1 t gleichmäßig verteilt):

A. Formänderungen unter der Wirkung aufgebrachter Längskräfte, Fahrzeug in Ruhe

1) <u>Federkonstanten:</u> Durch Messen der Längsverschiebung des Pritschenbodens gegenüber den Rahmenlängsträgern unter der Wirkung aufgebrachter Kräfte (Schriebe Abb. 29 bei I.) ergaben sich als Federkonstanten für Zustand

$\qquad$ a) serienmäßige Ausführung: c_{R-P} = 4 t/cm,

$\qquad$ b) versteifte Ausführung: c_{R-P} = 22 t/cm.

2) <u>Eigenschwingungsdauer berechnet:</u> Für die Gewichtsaufteilung des Zugwagens:

$\qquad$ Gewicht des Fahrgestells ohne Pritsche: 3500 kg

$\qquad$ Gewicht der Nutzlast mit Pritsche: 3700 kg

ergibt sich für das Schwingungssystem: Fahrgestell-Pritsche die reduzierte Masse $m_{red} = \dfrac{3500 \cdot 3700}{3500 + 3700} \cdot 1/g \approx 180$ kg · sec^2/m; daraus Eigenschwingungsdauer:

für Zustand a) T_{R-P} = 0,133 sec,

für Zustand b) T_{R-P} = 0,057 sec.

Für die Schwingungen der Pritsche gegen das Fahrgestell ist starke Dämpfung zu erwarten.

Ergebnis der Messungen:

1) Nur an Meßpunkt D werden wahre Längsschwingungen aufgezeichnet.

2) Federkonstante aus Messungen nach I.1):

a) normal: Kraft P = 1 t, Längsverschiebung 2,5 mm; c_{R-P} = 4 t/cm

b) versteift: Kraft P = 1 t, Längsverschiebung o,45 mm; c_{R-P} = 22 t/cm

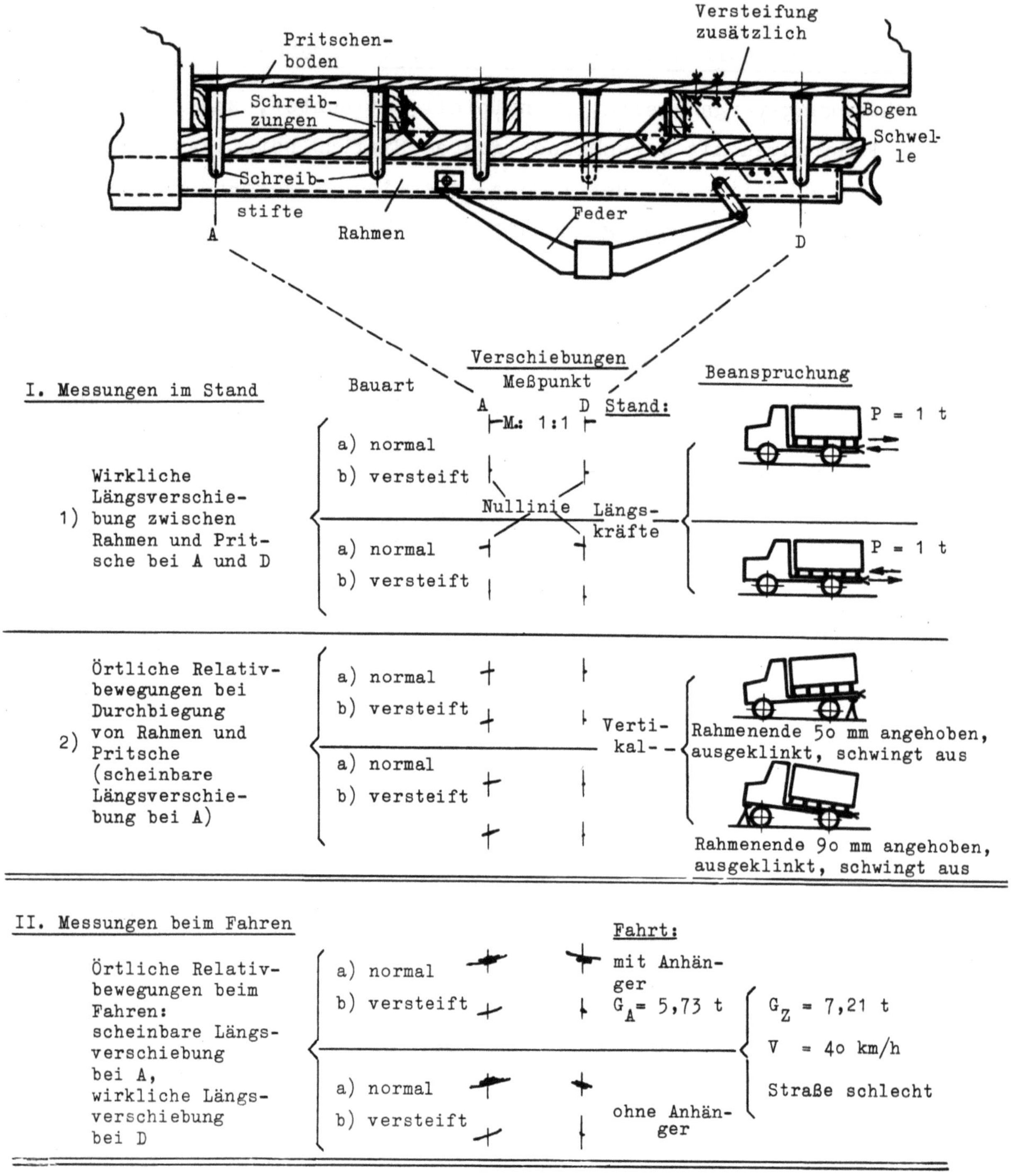

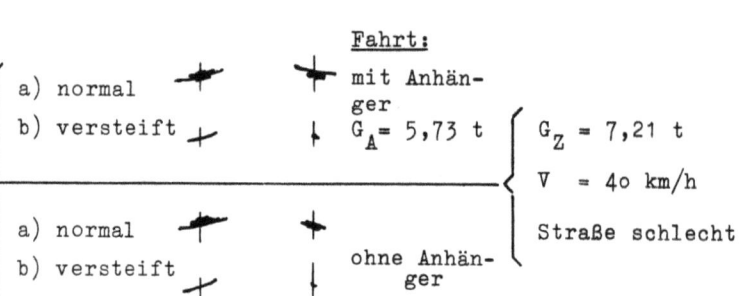

A b b i l d u n g 29

Relativbewegungen zwischen Fahrzeugrahmen und Pritsche

Forschungsberichte des Wirtschafts- und Verkehrsministeriums Nordrhein-Westfalen

B. Formänderungen bei Vertikalbeschleunigungen

Um festzustellen, ob und in welchem Maße bei Vertikalbeschleunigungen die Massenkräfte eine Durchbiegung von Rahmen und Pritsche bewirken und so nicht vorhandene Längsverschiebungen vortäuschen, wurden Ausschwingversuche im Stand gemäß Abbildung 29 bei I.2 durchgeführt.

Bei den Ausschwingversuchen entstanden Durchbiegungen von Rahmen und Pritsche, und es ergaben sich entsprechend den durch die Biegelinien bestimmten Winkeländerungen an allen Meßpunkten, mit Ausnahme von Meßpunkt D Relativbewegungen; diese Schreibstiftwege rühren nicht von wahren Längsverschiebungen her. Es bedeuten also auch beim Fahren die sich an diesen Meßpunkten ergebenden Schreibstiftwege keine wahren Längsbewegungen des Rahmens gegen den Aufbau, weil durch die Vertikalbeschleunigungen Durchbiegungen entstehen; die an diesen Meßpunkten genommenen Schriebe setzen sich aus Bewegungen von Biege- und Längsschwingungen zusammen. Nur am Meßpunkt D, unbeeinflußt von Rahmendurchbiegungen, werden Längsbewegungen richtig aufgezeichnet.

II. Messungen während der Fahrt

In Abbildung 29 bei II sind die Schriebe von Messungen an den Punkten D und A während der Fahrt dargestellt.

Die wahre Längsverschiebung (Meßpunkt D) betrug:

	mit Anhänger	ohne Anhänger
a) serienmäßige Ausführung	± 4 mm	± 2,0 mm
b) versteifte Ausführung	± 0,7 mm	± 0,3 mm

Die Längsverschiebung ist also bei Anhängerbetrieb tatsächlich etwas größer als am alleinfahrenden Zugwagen.

Ausschnitte von den bei diesen Fahrten gleichzeitig mit den Verschiebungsschrieben aufgenommenen Deichselkraftschrieben zeigt Abbildung 30; die Schriebe gelten wie folgt:

	V = 40 km/h	V = 25 km/h
a) serienmäßige Ausführung	Schrieb Nr. 1, 2, 3	4, 5, 6
b) versteifte Ausführung	Schrieb Nr. 11, 12, 13	14, 15, 16

Seite 75

Forschungsberichte des Wirtschafts- und Verkehrsministeriums Nordrhein-Westfalen

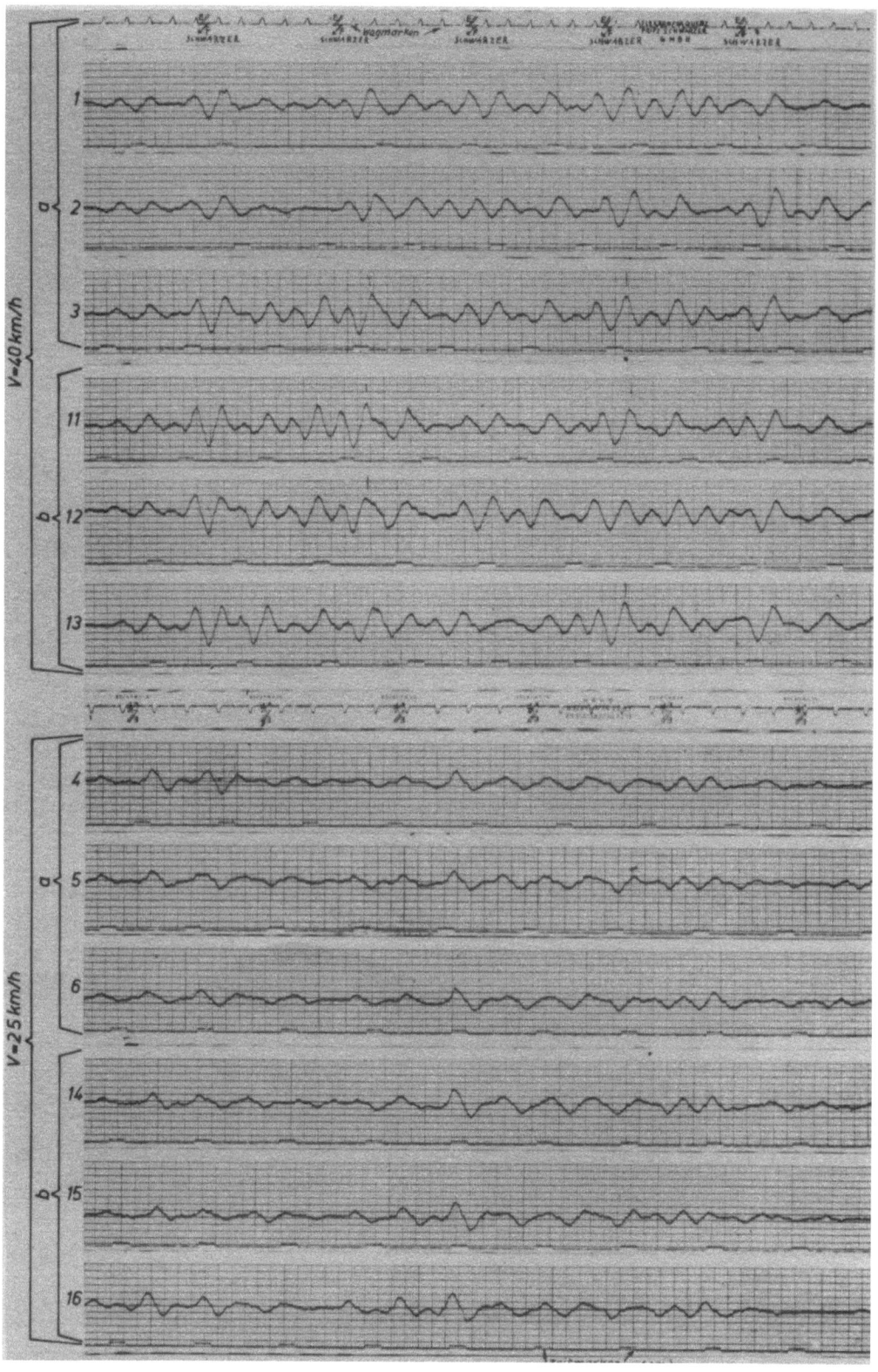

a) normale Bauart: Streifen 1, 2, 3, 4, 5, 6
b) versteifte Bauart: Streifen 11, 12, 13, 14, 15, 16

Abbildung 30

Deichselkräfte bei handelsüblicher und versteifter Pritsche

(Bei allen Versuchen waren Ladezustand von Zugwagen und Anhänger, auch Meßstrecke gleich).

Die Deichselkraft-Schriebe [43] weisen zwar geringe, aber keine charakteristischen Unterschiede für die Zustände a gegenüber b auf. Es sind dabei keine gruppeneigenen Oberschwingungen zu erkennen und ebenfalls keine nach Gruppen zugehörige Verschiedenheit des Schwingungstakts oder der Halbschwingungsdauer $1/2\ T_L$. Die Unterschiede bei Zustand a gegen b sind nicht größer als die Unterschiede innerhalb der einzelnen Dreiergruppen; diese kleinen Unterschiede sind auf das nicht genaue Einhalten der Fahrspur und auf andere Zufälligkeiten zurückzuführen.

Die Messungen haben also ergeben, daß die Versteifung der Pritsche ohne Einfluß auf die Deichselkräfte war; bei der Betrachtung des Schwingungsverhaltens von Lastzügen kann also die elastische Bewegung der Pritsche gegenüber dem Aufbau vernachlässigt werden.

III. Allgemeines

Die Ähnlichkeit der unter gleichen Versuchsbedingungen aufgenommenen Schriebe ist groß. Von den 6 bei V = 40 km/h aufgenommenen Schrieben ähneln sich die Schriebe 3, 11 und 12 sehr; dies gilt für das allgemeine Schwingungsbild, für die Frequenz und für die Größe der Kräfte. Von den 6 bei V = 25 km/h aufgenommenen Schrieben sind die Streifen 4 und 16 einander sehr ähnlich; aber auch die 4 anderen Schriebe weisen so geringe Unterschiede auf, daß nicht zu erkennen ist, welche Schriebe bei serienmäßiger Ausführung und welche bei versteifter Ausführung der Pritsche entstanden sind. - Es hat sich also auch hier erwiesen, daß die Streuung bei unter gleichen Versuchsbedingungen aufgenommenen Deichselkraftschrieben sehr gering ist.

---

43. Die Schriebe wurden aufgenommen mit Dehnmeßstreifen auf Deichselmeßkopf. Der Vergleich mit den am gleichen Lastzug A aufgenommenen Schrieben von Abbildung 1o oben (Federwegschreiber) und von Abbildung 11 oben (Ritzdehnungsschreiber, nach Mikroskopvergrößerung aufgezeichnet), zeigt trotz gerätbedingter Verschiedenheit der Zeit- und Kraftmaßstäbe gute Ähnlichkeit; die Versuche wurden mit derselben Kupplungsfeder bei etwa gleicher Lastverteilung durchgeführt. Strecken: Bei Versuchen Abbildung 1o und 11 die gleiche, bei Versuchen Abbildung 30 ähnliche Beschaffenheit

Forschungsberichte des Wirtschafts- und Verkehrsministeriums Nordrhein-Westfalen

A n h a n g 5

7.5 Streubereich der Meßwerte

I. Bei Deichselkraftmessungen, die unter definierten, gleichen Versuchsbedingungen ausgeführt werden, sind bei Wiederholungen gleiche Schwingungsbilder und damit gleiche Meßergebnisse zu erwarten. Solche definierten Bedingungen liegen aber nur bei Versuchen auf ebenflächigen Straßen beim Überfahren von Einzelhindernissen vor. Die bei solchen Versuchen genommenen Schriebe decken sich sehr gut.

Ohne besondere Vorkehrungen sind aber bei Messungen auf Straßen auch bei gleichgehaltenen technischen Daten des Lastzuges die Versuchsbedingungen nicht stets die gleichen:

1) Die Straßenunebenheiten sind, abgesehen von Querrinnen und dergleichen, quer zur Straßenlängsachse begrenzt; es wird daher nur bei genauem Einhalten von ein und derselben Fahrspur ein bestimmtes Profil der Unebenheiten überfahren und für den Schwingungsvorgang wirksam. Wenn z.B. bei der einen Fahrt die Radspur durch die tiefste Stelle eines Schlagloches geht, dann wird sie bei einer anderen Fahrt infolge versetzter Spur über eine andere Stelle des gleichen Schlagloches, z.B. über seinen weniger tiefen Rand gehen. Das kommt in dem Deichselkraftschrieb zum Ausdruck.

Derartige Ungleichheiten durch Spurversetzung werden jedoch bei Messungen über längere Streckenabschnitte durch die große Zahl der Meßwerte ausgeglichen. Die Häufigkeitswerte [44] sind, wenn die Profile für die Fahrspuren nicht gar zu sehr verschieden sind, fast genau die gleichen trotz gewisser Unterschiede der Schriebe in Details. Leitgeräte zum Einhalten einer bestimmten Spur werden nur für besondere Zwecke benötigt; im allgemeinen braucht man sie bei guten Versuchsfahrern nicht.

2) Die für einen Meßstreckenabschnitt angesetzte Fahrgeschwindigkeit kann wegen unvermeidbarer Störungen durch anderen Verkehr nicht immer gleichgehalten werden.

II. Ein Streuen der Meßwerte ist außerdem durch gewisse Ungenauigkeiten (Strichstärke der Schriebe) und Eigenarten der Auswertung bedingt: Sowohl

---

44. Sinngemäß das Gleiche hat sich auch bei Bahnkraftmessungen sowie bei Messungen des Unebenheitsgrades von Straßen herausgestellt

die Federwegschriebe als auch die Ritzdehnungsschriebe werden für längere Meßstrecken stufenweise erfaßt; im allgemeinen wurden Kräfte unter 500 kg berechtigterweise als unbeachtlich vernachlässigt.

Die über 500 kg hinausgehenden Kräfte wurden bei längeren Schrieben nach Kraftstufen von 500 kg erfaßt und beim Auszählen in Strichlisten eingetragen. Dadurch können Ungenauigkeiten von $\pm$ 250 kg entstehen. Gewisse Ungenauigkeiten beim Einstellen der Nullinie im Mikroskop können hinzukommen. Daher ist beim Auswerten nach Kraftstufen auf eine bessere Genauigkeit als auf $\pm$ 350 kg nicht mit Sicherheit zu rechnen.

Für kürzere Meßstrecken und bei wichtigen Versuchen, bei denen es sich z.B. um die genaue Erfassung von Spitzenwerten handelt, wurden die Einzelwerte der Schriebe nach den gegebenen Kraftmaßstäben genau erfaßt, oder es wurde der Stufenkontaktgeber im Bereich der interessierenden Kraftwerte mit feinerer Unterteilung eingestellt.

III. Alle Versuchsreihen wurden mehrfach gefahren. Abbildung 31 zeigt ein Beispiel der Ergebnisse von solchen Wiederholungsversuchen. Die Übereinstimmung ist ausreichend.

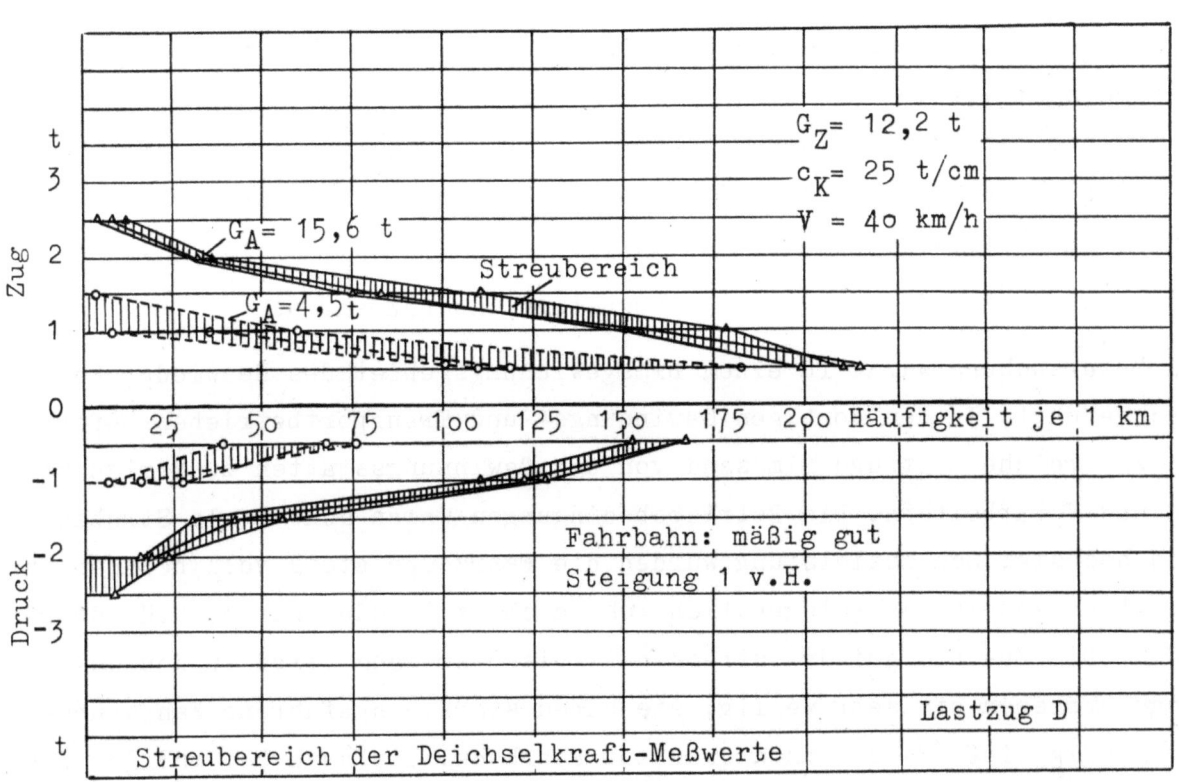

A b b i l d u n g   31
Streubereich der Deichselkraft-Meßwerte

Auch bei den früher gezeigten Schrieben Abbildung 28 und 30 ist die Übereinstimmung befriedigend.

Jedenfalls zeigte die Übereinstimmung von Schrieben, die zu Vergleichszwecken mit verschiedenen Geräten aufgenommen wurden, daß Ungenauigkeiten durch die Meßverfahren nicht prinzipiell bedingt sind.

A n h a n g 6 [45)]

7.6 Schadensstatistische Feststellungen

I. Aufgabe und Allgemeines

Als Ergänzung zu den schwingungstechnischen Arbeiten an Lastzügen und an Versuchseinrichtungen im Laboratorium sollte in der Praxis an einer größeren Zahl von Beispielen geklärt werden, wie sich bei den Verbindungsteilen das Festigkeitsangebot zu den Festigkeitsansprüchen verhält.

Es sollte für eine möglichst große Zahl von unter gleichen, schweren Bedingungen betriebenen Lastzügen ermittelt werden:

a) Betriebsstrecke (Laufleistung) bis zum Auftreten von Schäden an Verbindungsteilen,

b) Art und Zahl der Schäden,

c) zeitliche Entwicklung der Schäden vom unerheblichen Umfang bis zum verkehrsgefährdenden Zustand,

getrennt für die Fahrzeuge nach Baumustern und Baujahren.

Die Untersuchung wurde in einem Bimsgewinnungsgebiet des Neuwieder Beckens durchgeführt. In den dortigen Gewinnungs- und Transportbetrieben beförderten zahlreiche Lastzüge Bimssand von den Gewinnungsstätten zu Verladestellen und Verarbeitern. Die Betriebsbedingungen waren schwer: Im Streben nach höchster Schichtleistung wurden die Fahrzeuge stets voll beladen und höchstwahrscheinlich gelegentlich wohl auch um 20 oder gar 30 v.H. überladen. Die Zu- und Abfahrtsstrecken (1 bis 3 km lang) sind in den Gewinnungsbetrieben oft sehr wellig; sie haben stark ausgefahrene Fahrspuren und häufig tiefe Regenrinnen quer zur Fahrbahn. Die auch bei mäßiger Fahr-

---

45. An der Bearbeitung dieses Arbeitsabschnittes hatte cand. W. FREISCHEM besonderen Anteil

geschwindigkeit durch die Fahrbahnunebenheiten hervorgerufenen Fahrzeugschwingungen haben hohe Beanspruchungen von Federn, Achsen, Rahmen und Verbindungsteilen zur Folge.

Unter den in dem genannten Gebiet angetroffenen Lastzügen befanden sich Vertreter vieler Nachkriegs-Baumuster von fast allen deutschen Lastwagenherstellern der mittleren und schwereren Gewichtsklassen.

II. Deichselkraftmessungen

Nachdem an diesen Lastzügen Schäden an den Verbindungsteilen in einer über Erwarten hohen Zahl festgestellt waren, wurde ein mit Meßgeräten ausgestatteter Lastzug in das Gebiet entsandt; an ihm wurden unter den gleichen Betriebsbedingungen wie bei den dort laufenden Lastzügen die Deichselkräfte gemessen.

Ergebnis:
Die Spitzenkräfte waren bei mäßiger Häufigkeit doppelt so groß wie unter normalschweren Betriebsbedingungen. Kräfte von der Größe wie im normalschweren Betrieb traten dort mit mehrfach größerer Häufigkeit auf als im normalschweren Betrieb.

Den im Bimsbetrieb gelegentlich bei extremen ungewollten Zuständen auftretenden Beanspruchungen wurde der eigene Lastzug nicht ausgesetzt; solche Beanspruchungen kommen u.a. vor beim Herauszerren festgefahrener Anhänger durch Aufschaukeln, beim Anstoßen des zurücksetzenden Lastzuges gegen Bimswände, beim Auffahren des voll beladenen Lastzuges auf geschütteten Bimssand (bis zu 1 m Höhe) mit ziemlicher Geschwindigkeit bis zum Stillstand ohne Bremsbetätigung.

III. Schadensfeststellungen

1) Im Bimsgebiet wurden rund 200 Lastzüge untersucht. An 50 Zugwagen, das sind rund 25 v.H., wurden durch Deichselkräfte verursachte Schäden festgestellt. Dabei waren meistens die Kupplungsbefestigungen schadhaft. Bei Fahrzeugen fast aller Baumuster wurden Brüche und Risse an den Schlußquerträgern festgestellt.

2) In Abbildung 32 sind, zusammengestellt nach Baumustern (A bis R) [46], für die mit Schäden an der Kupplungsbefestigung (Querträger und Verstrebungen)

---
46. Baujahre nach 1945, von wenigen Ausnahmen abgesehen

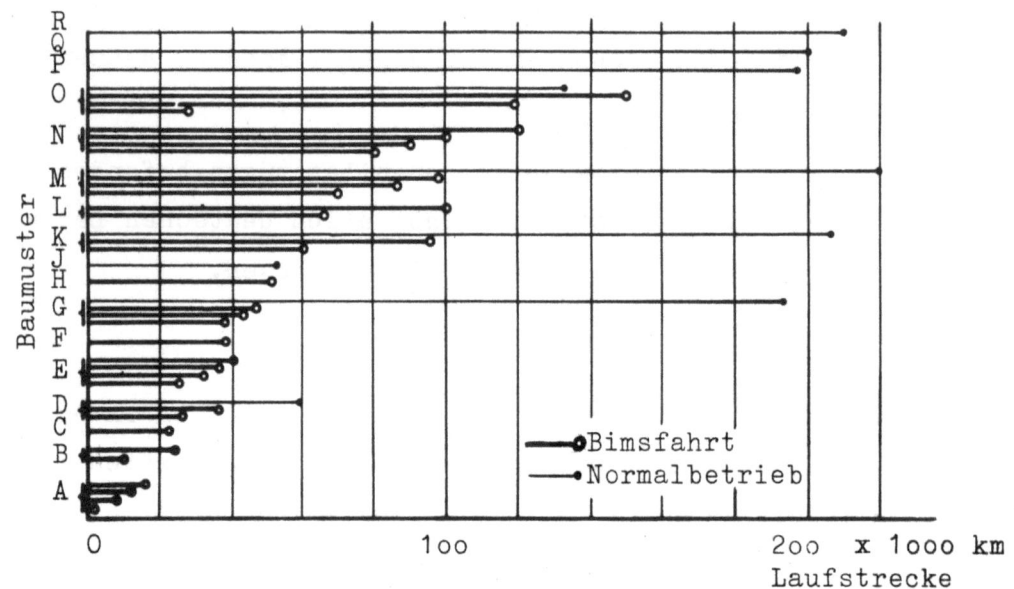

Abbildung 32
Laufstrecken bis zum Auftreten von Schäden
an Kupplungsbefestigungsvorrichtungen

angetroffenen Fahrzeuge die Laufstrecken aufgetragen, die bis zum Erkennen eines deutlich sichtbaren Schadens an der Kupplungsbefestigung bzw. bis zur ersten Instandsetzung zurückgelegt worden waren (starke Linien).

3) In dieser Abbildung sind ferner zum Vergleich für einige im gemischten Nah- und Fernverkehr, also unter normaler Beanspruchung, eingesetzte Zugwagen der gleichen Baumuster dünn die Laufstrecken aufgetragen, die bis zum Erkennen bzw. Beheben des ersten deutlich sichtbaren Schadens erreicht wurden. An diesen Fahrzeugen waren gleiche oder ähnliche Schäden meistens erst nach viel größeren Laufstrecken eingetreten als bei den vergleichbaren Fahrzeugen im Bimsgebiet. Das Verhältnis der Laufstrecken ist bei den Baumustern D, K und M etwa 2:1, bei Baumuster G sogar 4:1.

Bei einigen Baumustern, besonders bei E, G, M und N, streuen die Werte für die Laufstrecken bis zum festgestellten Auftreten von Dauerbrüchen erstaunlich wenig.

4) Bei solchen Festigkeitsversuchen der Praxis, so könnte man die Betriebsbedingungen nennen, wirken naturgemäß auch Zufälle mit, daneben auch die Geschicklichkeit des Fahrers, die Anhängernutzlast u.a.

Wenn trotzdem beim Baumuster A die Schadensfälle so früh und so gleichmäßig früh auftreten, wie aus Abbildung 32 ersichtlich, - wenn über dieses

Forschungsberichte des Wirtschafts- und Verkehrsministeriums Nordrhein-Westfalen
___

Baumuster von den Instandsetzungsbetrieben des Bimsbezirks berichtet wurde, daß eine Laufstrecke von 40 000 km im Anhängerbetrieb so gut wie nie ohne Schäden und Instandsetzungsarbeiten an der Kupplungsbefestigung erreicht wird, - daß an den Fahrzeugen dieses Baumusters erst nach Anbringen zusätzlicher Verstrebungen die Kupplungsbefestigungen die bei anderen Baumustern übliche Haltbarkeit aufweisen, - dann waren nach dem damaligen Stand Maßnahmen bezüglich dieses Baumusters dringend geboten.

5) Die Entwicklung der Risse scheint in manchen, vermutlich sogar in den meisten Fällen, wie folgt vor sich zu gehen:

Bei starker Beanspruchung entsteht an einer hochbeanspruchten Stelle der Verstrebung ein kleiner Anriß, der sich unter der Einwirkung der Wechselkräfte als Dauerbruch weiterentwickelt und dann zum Trennbruch einer Hälfte der Verstrebung führt. Am Schlußquerträger, der von dann an die Kraftübertragung allein übernehmen muß, treten nach einer gewissen weiteren Laufstrecke (beobachtet 3 000 bis 10 000 km) kleine Anrisse auf; diese entwickeln sich weiter als Dauerbrüche, die mit der Zeit zum Trennbruch führen, sofern nicht vorher instandgesetzt wird. Diese Dauerbruchrisse werden sehr bald deutlich wahrnehmbar.

An mehreren, über längere Zeit unter Beobachtung gehaltenen Fahrzeugen zeigte sich, daß die Weiterentwicklung vom ungefährlichen kleinen bis mittelgroßen Riß im Schlußquerträger bis zum verkehrsgefährdenden Zustand (mehrere große Risse) ziemlich langsam, d.h. über eine Betriebsstrecke von vielen hunderten von Kilometern vor sich geht. Das Tempo der Weiterentwicklung ist abhängig von Art, Umfang und Lage des Risses, von den Betriebsbedingungen und von der Bauform des Schlußquerträgers.

Ein plötzlich auftretender Trennbruch (ungewollte Zugtrennung) ist auch an ziemlich stark angerissenen Querträgern in keinem Falle festgestellt worden (außer in einem weiter zurückliegenden Einzelfall mit ungeklärten Umständen).

6) Typische Schäden an Verstrebungen und Schlußquerträgern.
Abbildung 33 zeigt:

Bei a) häufig auftretende Risse der Verstrebungen an den Stellen, wo sie am Rahmenlängsträger befestigt sind;

bei b) Risse der Verstrebung unmittelbar neben dem Kupplungsflansch und

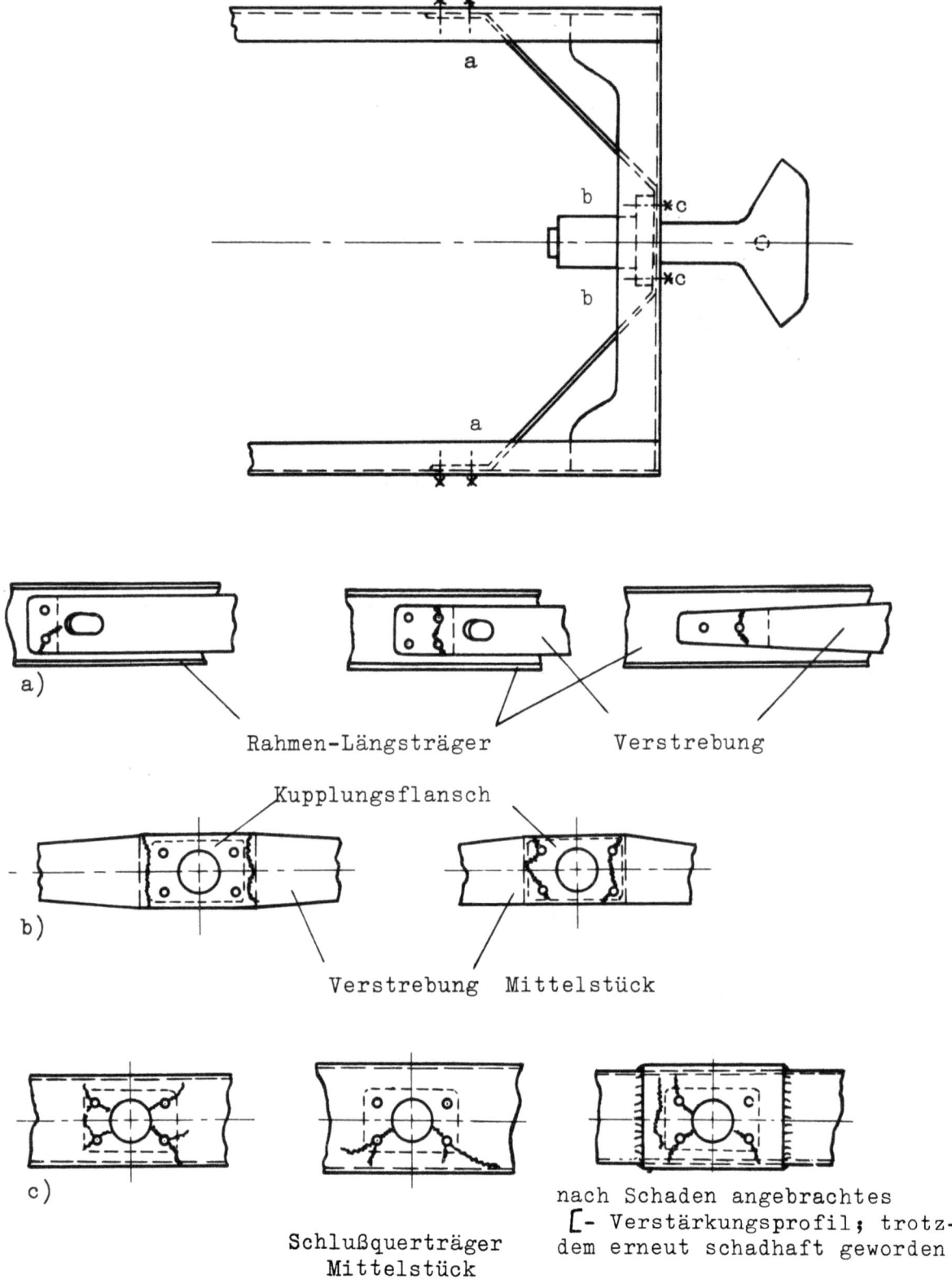

Abbildung 33
Anrisse an Verstrebungen und Schlußquerträgern, Beispiele

Risse, die von den Kupplungsbefestigungsschraubenlöchern ausgehen;

bei c) Risse am Schlußquerträger; auch diese gehen in fast allen Fällen von den Löchern der Befestigungsschrauben der Kupplung aus.

Wenn nicht instandgesetzt wird, entwickeln sich die Dauerbrüche weiter zu gefährlichen Schäden, wie sie Abbildung 34 als Beispiele zeigt (diese Beispiele stammen nicht von Fahrzeugen aus dem Bimsgebiet; wie oben ausgeführt, wird dort im allgemeinen die Kupplungsbefestigung überwacht und rechtzeitig instandgesetzt oder ausgewechselt).

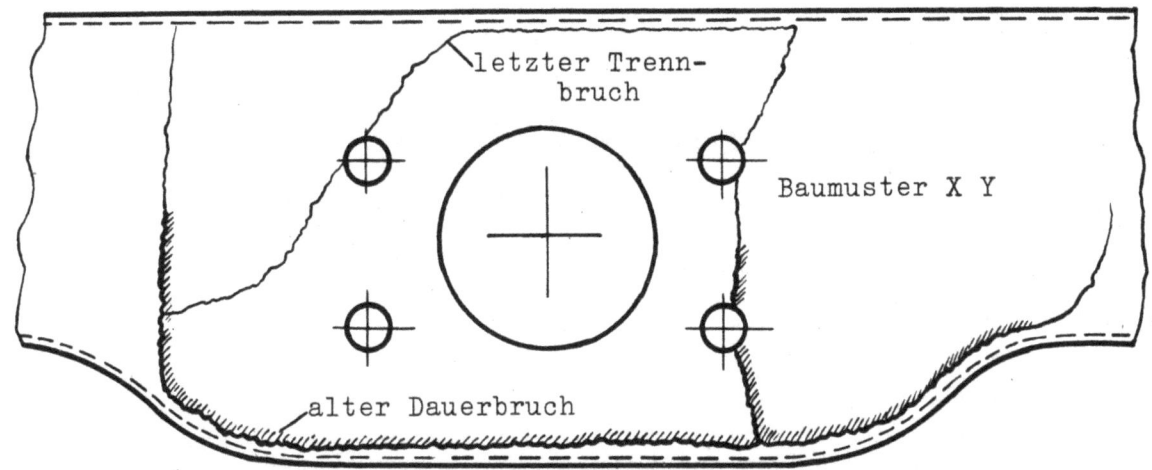

Kupplung während der Fahrt abgerissen, 4 Tote

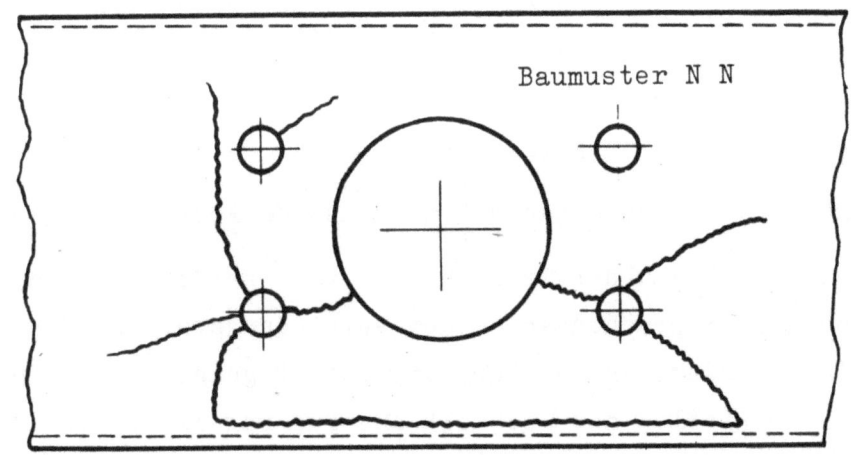

Vor Trennbruch Schlußquerträger ausgebaut

A b b i l d u n g 34

Beispiele für Dauerbrüche an Schlußquerträgern

Bemerkung zu beiden Schlußquerträgern: Dauerbrüche an Übergang zwischen Steg und Flansch typisch (Membranwirkung)

7) Schäden an Anhängerkupplungen, Deichselösen, Deichseln und Drehschemeln.

Im Vergleich zu den Rissen und Brüchen an Querträgern und Verstrebungen sind Schäden an den anderen Verbindungsteilen der Fahrzeuge seltener, abgesehen vom Ausschlagen der Deichselösen; dies ist aber als natürliche Verschleißerscheinung zu werten und wird deshalb hier nicht berücksichtigt.

Von den Schäden, die durch Deichselkräfte hervorgerufen wurden, betreffen nach im Bimsbezirk erhaltenen Angaben (Erfahrungswerte aus mehreren Jahren) etwa:

90 v.H. Schlußquerträger und Verstrebungen,
6 v.H. Brüche an Deichseln,
2 v.H. Brüche an Kupplungen,
1 v.H. Brüche an Deichselösen,
1 v.H. Brüche an Drehschemeln.

Die Deichseln sind im allgemeinen den Wechselkräften auch im rauhen Fahrbetrieb gewachsen. An ihnen wurden Dauerbrüche nur an Stellen beobachtet, an denen unsachgemäß geschweißt worden war. Auch Brüche an Deichselösen sind oft auf unsachgemäßes Schweißen beim Ausbüchsen zu stark ausgeschlagener Ösen zurückzuführen.

Verkehrsgefährdende Schäden an Anhängerkupplungen traten nach den praktischen Erfahrungen nur dann auf, wenn die Wartung stark vernachlässigt wurde; zwei Schadensfälle wurden beobachtet, die durch ein Versagen der Arretierungsvorrichtung des Kupplungsbolzens hervorgerufen worden waren. Auch klemmende Kupplungsfedern oder ausgeschlagene Zugstangenführungen können Schäden verursachen, weil sie eine erhöhte Beanspruchung der Kupplungsbefestigung zur Folge haben.

IV. Folgerungen aus den schadensstatistischen Feststellungen

Bei dem heutigen Stand der Technik muß damit gerechnet werden, daß sich infolge hoher Beanspruchungen an den Verbindungsteilen der Fahrzeuge, und zwar insbesondere an der Kupplungsbefestigung, Risse einstellen, die sich unter dem Einfluß der Wechselbeanspruchung als Dauerbrüche weiterentwickeln. Diese Schäden können rechtzeitig bemerkt und sie müssen rechtzeitig behoben werden, bevor sie eine die Verkehrssicherheit gefährdende Größe erreicht haben. Darum muß der Zustand der Verbindungsglieder eines Lastzuges genau so gewissenhaft überwacht werden wie der Zustand anderer wichtiger Teile des Kraftfahrzeuges wie z.B. der Lenkung und der Bremsen.

FORSCHUNGSBERICHTE
DES WIRTSCHAFTS- UND VERKEHRSMINISTERIUMS
NORDRHEIN-WESTFALEN

Herausgegeben von Staatssekretär Prof. Leo Brandt

HEFT 1
Prof. Dr.-Ing. E. Flegler, Aachen
Untersuchungen oxydischer Ferromagnet-Werkstoffe
1952, 20 Seiten, DM 6,75

HEFT 2
Prof. Dr. W. Fuchs, Aachen
Untersuchungen über absatzfreie Teeröle
1952, 32 Seiten, 5 Abb., 6 Tabellen, DM 10,—

HEFT 3
Techn.-Wissenschaftl. Büro für die Bastfaserindustrie, Bielefeld
Untersuchungsarbeiten zur Verbesserung des Leinenwebstuhls
1952, 44 Seiten, 7 Abb., 3 Tabellen, DM 12,50

HEFT 4
Prof. Dr. E. A. Müller und Dipl.-Ing. H. Spitzer, Dortmund
Untersuchungen über die Hitzebelastung in Hüttenbetrieben
1952, 28 Seiten, 5 Abb., 1 Tabelle, DM 9,—

HEFT 5
Dipl.-Ing. W. Fister, Aachen
Prüfstand der Turbinenuntersuchungen
1952, 40 Seiten, 30 Abb., 3 Schaltbilder, DM 1,—

HEFT 6
Prof. Dr. W. Fuchs, Aachen
Untersuchungen über die Zusammensetzung und Verwendbarkeit von Schwelteerfraktionen
1952, 36 Seiten, DM 10,50

HEFT 7
Prof. Dr. W. Fuchs, Aachen
Untersuchungen über emsländisches Petrolatum
1952, 36 Seiten, 1 Abb., 17 Tabellen, DM 10,50

HEFT 8
M. E. Meffert und H. Stratmann, Essen
Algen-Großkulturen im Sommer 1951
1953, 52 Seiten, 4 Abb., 20 Tabellen, DM 9,75

HEFT 9
Techn.-Wissenschaftl. Büro für die Bastfaserindustrie, Bielefeld
Untersuchungen über die zweckmäßige Wicklungsart von Leinengarnkreuzspulen unter Berücksichtigung der Anwendung hoher Geschwindigkeiten des Garnes
Vorversuche für Zetteln und Schären von Leinengarnen auf Hochleistungsmaschinen
1952, 48 Seiten, 7 Abb., 7 Tabellen, DM 9,25

HEFT 10
Prof. Dr. W. Vogel, Köln
„Das Streifenpaar" als neues System zur mechanischen Vergrößerung kleiner Verschiebungen und seine technischen Anwendungsmöglichkeiten
1953, 20 Seiten, 6 Abb., DM 4,50

HEFT 11
Laboratorium für Werkzeugmaschinen und Betriebslehre, Technische Hochschule Aachen
1. Untersuchungen über Metallbearbeitung im Fräsvorgang mit Hartmetallwerkzeugen und negativen Spanwinkel
2. Weiterentwicklung des Schleifverfahrens für die Herstellung von Präzisionswerkstücken unter Vermeidung hoher Temperaturen
3. Untersuchung von Oberflächenveredlungsverfahren zur Steigerung der Belastbarkeit hochbeanspruchter Bauteile
1953, 80 Seiten, 61 Abb., DM 15,75

HEFT 12
Elektrowärme-Institut, Langenberg (Rhld.)
Induktive Erwärmung mit Netzfrequenz
1952, 22 Seiten, 6 Abb., DM 5,20

HEFT 13
Techn.-Wissenschaftl. Büro für die Bastfaserindustrie, Bielefeld
Das Naßspinnen von Bastfasergarnen mit chemischen Zusätzen zum Spinnbad
1953, 52 Seiten, 4 Abb., 19 Tabellen, DM 10,—

HEFT 14
Forschungsstelle für Acetylen, Dortmund
Untersuchungen über Aceton als Lösungsmittel für Acetylen
1952, 64 Seiten, 10 Abb., 26 Tabellen, DM 12,25

HEFT 15
Wäschereiforschung Krefeld
Trocknen von Wäschestoffen
1953, 48 Seiten, 14 Abb., 2 Tabellen, DM 9,—

HEFT 16
Max-Planck-Institut für Kohlenforschung, Mülheim a. d. Ruhr
Arbeiten des MPI für Kohlenforschung
1953, 104 Seiten, 9 Abb., DM 17,80

HEFT 17
Ingenieurbüro Herbert Stein, M.-Gladbach
Untersuchung der Verzugsvorgänge in den Streckwerken verschiedener Spinnereimaschinen. 1. Bericht: Vergleichende Prüfung mit verschiedenen Dickenmeßgeräten
1952, 36 Seiten, 15 Abb., DM 8,—

HEFT 18
Wäschereiforschung Krefeld
Grundlagen zur Erfassung der chemischen Schädigung beim Waschen
1953, 68 Seiten, 15 Abb., 15 Tabellen, DM 12,75

HEFT 19
Techn.-Wissenschaftl. Büro für die Bastfaserindustrie, Bielefeld
Die Auswirkung des Schlichtens von Leinengarnketten auf den Verarbeitungswirkungsgrad, sowie die Festigkeit und Dehnungsverhältnisse der Garne und Gewebe
1953, 48 Seiten, 1 Abb., 9 Tabellen, DM 9,—

HEFT 20
Techn.-Wissenschaftl. Büro für die Bastfaserindustrie, Bielefeld
Trocknung von Leinengarnen I
Vorgang und Einwirkung auf die Garnqualität
1953, 62 Seiten, 18 Abb., 5 Tabellen, DM 12,—

HEFT 21
Techn.-Wissenschaftl. Büro für die Bastfaserindustrie, Bielefeld
Trocknung von Leinengarnen II
Spulenanordnung und Luftführung beim Trocknen von Kreuzspulen
1953, 66 Seiten, 22 Abb., 9 Tabellen, DM 13,—

HEFT 22
Techn.-Wissenschaftl. Büro für die Bastfaserindustrie, Bielefeld
Die Reparaturanfälligkeit von Webstühlen
1953, 28 Seiten, 7 Abb., 5 Tabellen, DM 5,80

HEFT 23
Institut für Starkstromtechnik, Aachen
Rechnerische und experimentelle Untersuchungen zur Kenntnis der Metadyne als Umformer von konstanter Spannung auf konstanten Strom
1953, 52 Seiten, 20 Abb., 4 Tafeln, DM 9,75

HEFT 24
Institut für Starkstromtechnik, Aachen
Vergleich verschiedener Generator-Metadyne-Schaltungen in bezug auf statisches Verhalten
1952, 44 Seiten, 23 Abb., DM 8,50

HEFT 25
Gesellschaft für Kohlentechnik mbH., Dortmund-Eving
Struktur der Steinkohlen und Steinkohlen-Kokse
1953, 58 Seiten, DM 11,—

HEFT 26
Techn.-Wissenschaftl. Büro für die Bastfaserindustrie, Bielefeld
Vergleichende Untersuchungen zweier neuzeitlicher Ungleichmäßigkeitsprüfer für Bänder und Garne hinsichtlich ihrer Eignung für die Bastfaserspinnerei
1953, 64 Seiten, 30 Abb., DM 12,50

HEFT 27
Prof. Dr. E. Schratz, Münster
Untersuchungen zur Rentabilität des Arzneipflanzenanbaues Römische Kamille, Anthemis nobilis L.
1953, 16 Seiten, 1 Tabelle, DM 3,60

HEFT 28
Prof. Dr. E. Schratz, Münster
Calendula officinalis L. Studien zur Ernährung, Blütenfüllung und Rentabilität der Drogengewinnung
1953, 24 Seiten, 2 Abb., 3 Tabellen, DM 5,20

HEFT 29
Techn.-Wissenschaftl. Büro für die Bastfaserindustrie, Bielefeld
Die Ausnützung der Leinengarne in Geweben
1953, 100 Seiten, 14 Abb., 10 Tabellen, DM 17,80

HEFT 30
Gesellschaft für Kohlentechnik mbH., Dortmund-Eving
Kombinierte Entaschung und Verschwelung von Steinkohle; Aufarbeitung von Steinkohlenschlämmen zu verkokbarer oder verschwelbarer Kohle
1953, 56 Seiten, 16 Abb., 10 Tabellen, DM 10,50

HEFT 31
Dipl.-Ing. A. Stormanns, Essen
Messung des Leistungsbedarfs von Doppelsteg-Kettenförderern
1954, 54 Seiten, 18 Abb., 3 Anlagen, DM 11,—

HEFT 32
Techn.-Wissenschaftl. Büro für die Bastfaserindustrie, Bielefeld
Der Einfluß der Natriumchloridbleiche auf Qualität und Verwebbarkeit von Leinengarnen und die Eigenschaften der Leinengewebe unter besonderer Berücksichtigung des Einsatzes von Schützen- und Spulenwechselautomaten in der Leinenweberei
1953, 64 Seiten, 2 Abb., 12 Tabellen, DM 11,50

HEFT 33
Kohlenstoffbiologische Forschungsstation e. V.
Eine Methode zur Bestimmung von Schwefeldioxyd und Schwefelwasserstoff in Rauchgasen und in der Atmosphäre
1953, 32 Seiten, 8 Abb., 3 Tabellen, DM 6,50

HEFT 34
Textilforschungsanstalt Krefeld
Quellungs- und Entquellungsvorgänge bei Faserstoffen
1953, 52 Seiten, 13 Abb., 13 Tabellen, DM 9,80

Springer Fachmedien Wiesbaden GmbH

HEFT 35
Professor Dr. W. Kast, Krefeld
Feinstrukturuntersuchungen an künstlichen Zellulosefasern verschiedener Herstellungsverfahren. Teil I: Der Orientierungszustand
1953, 74 Seiten, 30 Abb., 7 Tabellen, DM 13,80

HEFT 36
Forschungsinstitut der feuerfesten Industrie, Bonn
Untersuchungen über die Trocknung von Rohton
Untersuchungen über die chemische Reinigung von Silika- und Schamotte-Rohstoffen mit chlorhaltigen Gasen
1953, 60 Seiten, 5 Abb., 5 Tabellen, DM 11,—

HEFT 37
Forschungsinstitut der feuerfesten Industrie, Bonn
Untersuchungen über den Einfluß der Probenvorbereitung auf die Kaltdruckfestigkeit feuerfester Steine
1953, 40 Seiten, 2 Abb., 5 Tabellen, DM 7,80

HEFT 38
Forschungsstelle für Acetylen, Dortmund
Untersuchungen über die Trocknung von Acetylen zur Herstellung von Dissousgas
1953, 36 Seiten, 11 Abb., 3 Tabellen, DM 6,80

HEFT 39
Forschungsgesellschaft Blechverarbeitung e. V., Düsseldorf
Untersuchungen an prägegemusterten und vorgelochten Blechen
1953, 46 Seiten, 34 Abb., DM 9,50

HEFT 40
*Landesgeologe Dr.-Ing. W. Wolff,
Amt für Bodenforschung, Krefeld*
Untersuchungen über die Anwendbarkeit geophysikalischer Verfahren zur Untersuchung von Spateisengängen im Siegerland
1953, 46 Seiten, 8 Abb., DM 8,80

HEFT 41
Techn.-Wissenschaftl. Büro für die Bastfaserindustrie, Bielefeld
Untersuchungsarbeiten zur Verbesserung des Leinenwebstuhles II
1953, 40 Seiten, 4 Abb., 5 Tabellen, DM 7,80

HEFT 42
Professor Dr. B. Helferich, Bonn
Untersuchungen über Wirkstoffe — Fermente — in der Kartoffel und die Möglichkeit ihrer Verwendung
1953, 58 Seiten, 9 Abb., DM 11,—

HEFT 43
Forschungsgesellschaft Blechverarbeitung e. V., Düsseldorf
Forschungsergebnisse über das Beizen von Blechen
1953, 48 Seiten, 38 Abb., 2 Tabellen, DM 11,30

HEFT 44
Arbeitsgemeinschaft für praktische Dehnungsmessung, Düsseldorf
Eigenschaften und Anwendungen von Dehnungsmeßstreifen
1953, 68 Seiten, 43 Abb., 2 Tabellen, DM 13,70

HEFT 45
Losenhausenwerk Düsseldorfer Maschinenbau AG., Düsseldorf
Untersuchungen von störenden Einflüssen auf die Lastgrenzenanzeige von Dauerschwingprüfmaschinen
1953, 36 Seiten, 11 Abb., 3 Tabellen, DM 7,25

HEFT 46
Prof. Dr. W. Fuchs, Aachen
Untersuchungen über die Aufbereitung von Wasser für die Dampferzeugung in Benson-Kesseln
1953, 58 Seiten, 18 Abb., 9 Tabellen, DM 11,20

HEFT 47
Prof. Dr.-Ing. K. Krekeler, Aachen
Versuche über die Anwendung der induktiven Erwärmung zum Sintern von hochschmelzenden Metallen sowie zur Anlegierung und Vergütung von aufgespritzten Metallschichten mit dem Grundwerkstoff
1954, 66 Seiten, 39 Abb., DM 13,90

HEFT 48
Max-Planck-Institut für Eisenforschung, Düsseldorf
Spektrochemische Analyse der Gefügebestandteile in Stählen nach ihrer Isolierung
1953, 38 Seiten, 8 Abb., 5 Tabellen, DM 7,80

HEFT 49
Max-Planck-Institut für Eisenforschung, Düsseldorf
Untersuchungen über Ablauf der Desoxydation und die Bildung von Einschlüssen in Stählen
1953, 52 Seiten, 19 Abb., 3 Tabellen, DM 12,40

HEFT 50
Max-Planck-Institut für Eisenforschung, Düsseldorf
Flammenspektralanalytische Untersuchung der Ferritzusammensetzung in Stählen
1953, 44 Seiten, 15 Abb., 4 Tabellen, DM 8,60

HEFT 51
Verein zur Förderung von Forschungs- und Entwicklungsarbeiten in der Werkzeugindustrie e. V., Remscheid
Untersuchungen an Kreissägeblättern für Holz, Fehler- und Spannungsprüfverfahren
1953, 50 Seiten, 23 Abb., DM 10,—

HEFT 52
Forschungsstelle für Acetylen, Dortmund
Untersuchungen über den Umsatz bei der explosiblen Zersetzung von Azetylen
  a) Zersetzung von gasförmigem Azetylen
  b) Zersetzung von an Silikagel absorbiertem Azetylen
1954, 48 Seiten, 8 Abb., 10 Tabellen, DM 9,25

HEFT 53
Professor Dr.-Ing. H. Opitz, Aachen
Reibwert und Verschleißmessungen an Kunststoffgleitführungen für Werkzeugmaschinen
1954, 38 Seiten, 18 Abb., DM 8,20

HEFT 54
Professor Dr.-Ing. F. A. F. Schmidt, Aachen
Schaffung von Grundlagen für die Erhöhung der spez. Leistung und Herabsetzung des spez. Brennstoffverbrauches bei Ottomotoren mit Teilbericht über Arbeiten an einem neuen Einspritzverfahren
1954, 34 Seiten, 15 Abb., DM 7,40

HEFT 55
Forschungsgesellschaft Blechverarbeitung e. V., Düsseldorf
Chemisches Glänzen von Messing und Neusilber
1954, 50 Seiten, 21 Abb., 1 Tabelle, DM 10,20

HEFT 56
Forschungsgesellschaft Blechverarbeitung e. V., Düsseldorf
Untersuchungen über einige Probleme der Behandlung von Blechoberflächen
1954, 52 Seiten, 42 Abb., DM 11,20

HEFT 57
Prof. Dr.-Ing. F. A. F. Schmidt, Aachen
Untersuchungen zur Erforschung des Einflusses des chemischen Aufbaues des Kraftstoffes auf sein Verhalten im Motor und in Brennkammern von Gasturbinen
1954, 70 Seiten, 32 Abb., DM 14,60

HEFT 58
Gesellschaft für Kohlentechnik mbH., Dortmund
Herstellung und Untersuchung von Steinkohlenschwelteer
1954, 74 Seiten, 9 Abb., 9 Tabellen, DM 13,75

HEFT 59
Forschungsinstitut der Feuerfest-Industrie e. V., Bonn
Ein Schnellanalysenverfahren zur Bestimmung von Aluminiumoxyd, Eisenoxyd und Titanoxyd in feuerfestem Material mittels organischer Farbreagenzien auf photometrischem Wege
Untersuchungen des Alkali-Gehaltes feuerfester Stoffe mit dem Flammenphotometer nach Riehm-Lange
1954, 62 Seiten, 12 Abb., 3 Tabellen, DM 11,60

HEFT 60
Forschungsgesellschaft Blechverarbeitung e. V., Düsseldorf
Untersuchungen über das Spritzlackieren im elektrostatischen Hochspannungsfeld
1954, 82 Seiten, 53 Abb., 7 Tabellen, DM 17,—

HEFT 61
Verein zur Förderung von Forschungs- und Entwicklungsarbeiten in der Werkzeugindustrie e. V., Remscheid
Schwingungs- und Arbeitsverhalten von Kreissägeblättern für Holz
1954, 54 Seiten, 31 Abb., DM 11,40

HEFT 62
Professor Dr. W. Franz, Institut für theoretische Physik der Universität Münster
Berechnung des elektrischen Durchschlags durch feste und flüssige Isolatoren
1954, 36 Seiten, DM 7,—

HEFT 63
Textilforschungsanstalt Krefeld
Neue Methoden zur Untersuchung der Wirkungsweise von Textilhilfsmitteln
Untersuchungen über Schlichtungs- und Entschlichtungsvorgänge
1954, 34 Seiten, 1 Abb., 5 Tabellen, DM 6,80

HEFT 64
Textilforschungsanstalt Krefeld
Die Kettenlängenverteilung von hochpolymeren Faserstoffen
Über die fraktionierte Fällung von Polyamiden
1954, 44 Seiten, 13 Abb., DM 8,60

HEFT 65
Fachverband Schneidwarenindustrie, Solingen
Untersuchungen über das elektrolytische Polieren von Tafelmesserklingen aus rostfreiem Stahl
1954, 90 Seiten, 38 Abb., 9 Tabellen, DM 17,35

HEFT 66
Dr.-Ing. P. Füsgen VDI †, Düsseldorf
Untersuchungen über das Auftreten des Ratterns bei selbsthemmenden Schneckengetrieben und seine Verhütung
1954, 32 Seiten, 5 Abb., DM 6,60

HEFT 67
Heinrich Wösthoff o. H. G., Apparatebau, Bochum
Entwicklung einer chemisch-physikalischen Apparatur zur Bestimmung kleinster Kohlenoxyd-Konzentrationen
1954, 94 Seiten, 48 Abb., 2 Tabellen, DM 18,25

HEFT 68
Kohlenstoffbiologische Forschungsstation e. V., Essen
Algengroßkulturen im Sommer 1952
II. Über die unsterile Großkultur von Scenedesmus obliquus
1954, 62 Seiten, 3 Abb., 29 Tabellen, DM 11,40

HEFT 69
Wäschereiforschung Krefeld
Bestimmung des Faserabbaues bei Leinen unter besonderer Berücksichtigung der Leinengarnbleiche
1954, 48 Seiten, 15 Abb., 3 Tabellen, DM 9,60

HEFT 70
Wäschereiforschung Krefeld
Trocknen von Wäschestoffen
1954, 52 Seiten, 18 Abb., 3 Tabellen, DM 10,—

HEFT 71
Prof. Dr.-Ing. K. Leist, Aachen
Kleingasturbinen, insbesondere zum Fahrzeugantrieb
1954, 114 Seiten, 85 Abb., DM 22,—

HEFT 72
Prof. Dr.-Ing. K. Leist, Aachen
Beitrag zur Untersuchung von stehenden geraden Turbinengittern mit Hilfe von Druckverteilungsmessungen
1954, 152 Seiten, 111 Abb., DM 36,20

HEFT 73
Prof. Dr.-Ing. K. Leist, Aachen
Spannungsoptische Untersuchungen von Turbinenschaufelfüßen
1954, 66 Seiten, 46 Abb., 2 Tabellen, DM 14,60

HEFT 74
Max-Planck-Institut für Eisenforschung, Düsseldorf
Versuche zur Klärung des Umwandlungsverhaltens eines sonderkarbidbildenden Chromstahls
1954, 58 Seiten, 10 Abb., DM 14,—

HEFT 75
Max-Planck-Institut für Eisenforschung, Düsseldorf
Zeit-Temperatur-Umwandlungs-Schaubilder als Grundlage der Wärmebehandlung der Stähle
1954, 44 Seiten, 13 Abb., DM 8,70

HEFT 76
Max-Planck-Institut für Arbeitsphysiologie, Dortmund
Arbeitstechnische und arbeitsphysiologische Rationalisierung von Mauersteinen
1954, 52 Seiten, 12 Abb., 3 Tabellen, DM 10,20

HEFT 77
Meteor Apparatebau Paul Schmeck GmbH., Siegen
Entwicklung von Leuchtstoffröhren hoher Leistung
1954, 46 Seiten, 12 Abb., 2 Tabellen, DM 9,15

HEFT 78
Forschungsstelle für Acetylen, Dortmund
Über die Zustandsgleichung des gasförmigen Acetylens und das Gleichgewicht Acetylen — Aceton
1954, 42 Seiten, 3 Abb., 8 Tabellen, DM 8,—

HEFT 79
Techn.-Wissenschaftl. Büro für die Bastfaserindustrie, Bielefeld
Trocknung von Leinengarnen III
Spinnspulen- und Spinnkopftrocknung
Vorgang und Einwirkung auf die Garnqualität
1954, 74 Seiten, 18 Abb., 10 Tabellen, DM 14,—

Springer Fachmedien Wiesbaden GmbH

HEFT 80
Techn.-Wissenschaftl. Büro für die Bastfaserindustrie, Bielefeld
Die Verarbeitung von Leinengarn auf Webstühlen mit und ohne Oberbau
1954, 30 Seiten, 2 Abb., 2 Tabellen, DM 6,—

HEFT 81
Prüf- und Forschungsinstitut für Ziegeleierzeugnisse, Essen-Kray
Die Einführung des großformatigen Einheits-Gitterziegels im Lande Nordrhein-Westfalen
1954, 54 Seiten, 2 Abb., 2 Tabellen, DM 10,—

HEFT 82
Vereinigte Aluminium-Werke AG., Bonn
Forschungsarbeiten auf dem Gebiet der Veredelung von Aluminium-Oberflächen
1954, 46 Seiten, 34 Abb., DM 9,60

HEFT 83
Prof. Dr. S. Strugger, Münster
Über die Struktur der Proplastiden
1954, 30 Seiten, 15 Abb., DM 8,40

HEFT 84
Dr. H. Baron, Düsseldorf
Über Standardisierung von Wundtextilien
1954, 32 Seiten, DM 6,40

HEFT 85
Textilforschungsanstalt Krefeld
Physikalische Untersuchungen an Fasern, Fäden, Garnen und Geweben:
Untersuchungen am Knickscheuergerät nach Weltzien
1954, 40 Seiten, 11 Abb., 8 Tabellen, DM 10,—

HEFT 86
Prof. Dr.-Ing. H. Opitz, Aachen
Untersuchungen über das Fräsen von Baustahl sowie über den Einfluß des Gefüges auf die Zerspanbarkeit
1954, 108 Seiten, 73 Abb., 7 Tabellen, DM 22,—

HEFT 87
Gemeinschaftsausschuß Verzinken, Düsseldorf
Untersuchungen über Güte von Verzinkungen
1954, 68 Seiten, 56 Abb., 3 Tabellen, DM 15,30

HEFT 88
Gesellschaft für Kohlentechnik mbH., Dortmund-Eving
Oxydation von Steinkohle mit Salpetersäure
1954, 62 Seiten, 2 Abb., 1 Tabelle, DM 11,50

HEFT 89
Verein Deutscher Ingenieure, Gleitlagerforschung, Düsseldorf und Prof. Dr.-Ing. G. Vogelpohl, Göttingen
Versuche mit Preßstoff-Lagern für Walzwerke
1954, 70 Seiten, 34 Abb., DM 14,10

HEFT 90
Forschungs-Institut der Feuerfest-Industrie, Bonn
Das Verhalten von Silikasteinen im Siemens-Martin-Ofengewölbe
1954, 62 Seiten, 15 Abb., 11 Tabellen, DM 11,90

HEFT 91
Forschungs-Institut der Feuerfest-Industrie, Bonn
Untersuchungen des Zusammenhangs zwischen Leistung und Kohlenverbrauch von Kammeröfen zum Brennen von feuerfesten Materialien
1954, 42 Seiten, 6 Abb., DM 8,30

HEFT 92
*Techn.-Wissenschaftl. Büro für die Bastfaserindustrie, Bielefeld
und Laboratorium für textile Meßtechnik, M.-Gladbach*
Messungen von Vorgängen am Webstuhl
1954, 76 Seiten, 45 Abb., DM 15,50

HEFT 93
Prof. Dr. W. Kast, Krefeld
Spinnversuche zur Strukturerfassung künstlicher Zellulosefasern
1954, 82 Seiten, 39 Abb., 6 Tabellen, DM 16,—

HEFT 94
Prof. Dr. G. Winter, Bonn
Die Heilpflanzen des MATTHIOLUS (1611) gegen Infektionen der Harnwege und Verunreinigung der Wunden bzw. zur Förderung der Wundheilung im Lichte der Antibiotikaforschung
1954, 58 Seiten, 1 Abb., 2 Tabellen, DM 11,50

HEFT 95
Prof. Dr. G. Winter, Bonn
Untersuchungen über die flüchtigen Antibiotika aus der Kapuziner- (Tropaeolum maius) und Gartenkresse (Lepidium sativum) und ihr Verhalten im menschlichen Körper bei Aufnahme von Kapuziner- bzw. Gartenkressensalat per os
1955, 74 Seiten, 9 Abb., 25 Tabellen, DM 14,—

HEFT 96
Dr.-Ing. P. Koch, Dortmund
Austritt von Exoelektronen aus Metalloberflächen unter Berücksichtigung der Verwendung des Effektes für die Materialprüfung
1954, 34 Seiten, 13 Abb., DM 7,—

HEFT 97
Ing. H. Stein, Laboratorium für textile Meßtechnik, M.-Gladbach
Untersuchung der Verzugsvorgänge an den Streckwerken verschiedener Spinnereimaschinen
2. Bericht: Ermittlung der Haft-Gleiteigenschaften von Faserbändern und Vorgarnen
1955, 98 Seiten, 54 Abb., DM 21,—

HEFT 98
Fachverband Gesenkschmieden, Hagen
Die Arbeitsgenauigkeit beim Gesenkschmieden unter Hämmern
1955, 132 Seiten, 55 Abb., 9 Tabellen, DM 24,75

HEFT 99
Prof. Dr.-Ing. G. Garbotz, Aachen
Der Kraft- und Arbeitsaufwand sowie die Leistungen beim Biegen von Bewehrungsstählen in Abhängigkeit von den Abmessungen, den Formen und der Güte der Stähle (Ermittlung von Leistungsrichtlinien)
1955, 136 Seiten, 53 Abb., 3 Anlagen, 18 Tabellen, DM 30,—

HEFT 100
Prof. Dr.-Ing. H. Opitz, Aachen
Untersuchungen von elektrischen Antrieben, Steuerungen und Regelungen an Werkzeugmaschinen
1955, 166 Seiten, 71 Abb., 3 Tabellen, DM 31,30

HEFT 101
Prof. Dr.-Ing. H. Opitz, Aachen
Wirtschaftlichkeitsbetrachtungen beim Außenrundschleifen
1955, 100 Seiten, 56 Abb., 3 Tabellen, DM 19,30

HEFT 102
Dr. P. Hölemann, Ing. R. Hasselmann und Ing. G. Dix, Dortmund
Untersuchungen über die thermische Zündung von explosiblen Acetylenzersetzungen in Kapillaren
1954, 44 Seiten, 5 Abb., 4 Tabellen, DM 8,60

HEFT 103
Prof. Dr. W. Weizel, Bonn
Durchführung von experimentellen Untersuchungen über den zeitlichen Ablauf von Funken in komprimierten Edelgasen sowie zu deren mathematischen Berechnung
1955, 46 Seiten, 12 Abb., DM 9,10

HEFT 104
Prof. Dr. W. Weizel, Bonn
Über den Einfluß der Elektroden auf die Eigenschaften von Cadmium-Sulfid-Widerstands-Photozellen
1955, 48 Seiten, 12 Abb., DM 9,45

HEFT 105
Dr.-Ing. R. Meldau, Harsewinkel/Westf.
Auswertung von Gekörn — Analysen des Musterstaubes „Flugasche Fortuna I"
1955, 42 Seiten, 14 Abb., DM 8,50

HEFT 106
ORR. Dr.-Ing. W. Küch, Dortmund
Untersuchungen über die Einwirkung von feuchtigkeitsgesättigter Luft auf die Festigkeit von Leimverbindungen
1954, 60 Seiten, 10 Abb., 6 Tabellen, DM 11,40

HEFT 107
Prof. Dr. H. Lange und Dipl.-Phys. P. St. Pütter, Köln
Über die Konstruktion von Laboratoriumsmagneten
1955, 66 Seiten, 19 Abb., 1 Tabelle, DM 12,30

HEFT 108
Prof. Dr. W. Fuchs, Aachen
Untersuchungen über neue Beizmethoden und Beizabwässer
I. Die Entzunderung von Drähten mit Natriumhydrid
II. Die Aufbereitung von Beizabwässern
1955, 82 S., 15 Abb., 14 Tabellen, 1 Falttafel, DM 15,25

HEFT 109
Dr. P. Hölemann und Ing. R. Hasselmann, Dortmund
Untersuchungen über die Löslichkeit von Azetylen in verschiedenen organischen Lösungsmitteln
1954, 42 Seiten, 10 Abb., 8 Tabellen, DM 8,30

HEFT 110
Dr. P. Hölemann und Ing. R. Hasselmann, Dortmund
Untersuchungen über den Druckverlauf bei der explosiblen Zersetzung von gasförmigem Azetylen
1955, 54 Seiten, 10 Abb., 5 Tabellen, DM 11,—

HEFT 111
Fachverband Steinzeugindustrie, Köln
Die Entwicklung eines Gerätes zur Beschickung seitlicher Feuer von Steinzeug-Einzelkammeröfen mit festen Brennstoffen
1955, 46 Seiten, 16 Abb., DM 9,40

HEFT 112
Prof. Dr.-Ing. H. Opitz, Aachen
Verschleißmessungen beim Drehen mit aktivierten Hartmetallwerkzeugen
1954, 44 Seiten, 17 Abb., 6 Tabellen, DM 8,80

HEFT 113
Prof. Dr. O. Graf, Dortmund
Erforschung der geistigen Ermüdung und nervösen Belastung: Studien über die vegetative 24-Stunden-Rhythmik in Ruhe und unter Belastung
1955, 40 Seiten, 12 Abb., DM 8,20

HEFT 114
Prof. Dr. O. Graf, Dortmund
Studien über Fließarbeitsprobleme an einer praxisnahen Experimentieranlage
1954, 34 Seiten, 6 Abb., DM 7,—

HEFT 115
Prof. Dr. O. Graf, Dortmund
Studium über Arbeitspausen in Betrieben bei freier und zeitgebundener Arbeit (Fließarbeit) und ihre Auswirkung auf die Leistungsfähigkeit
1955, 50 Seiten, 13 Abb., 2 Tabellen, DM 9,80

HEFT 116
Prof. Dr.-Ing. E. Siebel und Dr.-Ing. H. Weiss, Stuttgart
Untersuchungen an einigen Problemen des Tiefziehens — I. Teil
1955, 74 Seiten, 50 Abb., 5 Tabellen, DM 14,50

HEFT 117
Dr.-Ing. H. Beißwänger, Stuttgart, und Dr.-Ing. S. Schwandt, Trier
Untersuchungen an einigen Problemen des Tiefziehens — II. Teil
1955, 92 Seiten, 34 Abb., 8 Tabellen, DM 17,70

HEFT 118
Prof. Dr. E. A. Müller und Dr. H. G. Wenzel, Dortmund
Neuartige Klima-Anlage zur Erzeugung ungleicher Luft- und Strahlungstemperaturen in einem Versuchsraum
1955, 68 Seiten, 10 z. T. mehrfarb. Abb., DM 14,—

HEFT 119
Dr.-Ing. O. Viertel, Krefeld
Wäscherei- und energietechnische Untersuchung einer Gemeinschafts-Waschanlage
1955, 50 Seiten, 18 Abb., DM 10,20

HEFT 120
Dipl.-Ing. A. Weisbecker, Lüdenscheid
Über Anfressung an Reinstaluminium-Schweißnähten bei der elektrolytischen Oxydation
Gebr. Hörstermann GmbH., Velbert
Entwicklung und Erprobung eines neuartigen Gummibandförderers
1955, 46 Seiten, 18 Abb., DM 9,70

HEFT 121
Dr. H. Krebs, Bonn
I. Die Struktur und die Eigenschaften der Halbmetalle
II. Die Bestimmung der Atomverteilung in amorphen Substanzen
III. Die chemische Bindung in anorganischen Festkörpern und das Entstehen metallischer Eigenschaften
1955, 124 Seiten, 36 Abb., 13 Tabellen, DM 22,90

HEFT 122
Prof. Dr. W. Fuchs, Aachen
Untersuchungen zur Verbesserung der Wasseraufbereitung und Wasseranalyse:
Über die Schnellbewertung von Ionenaustauscher
1955, 62 Seiten, 32 Abb., DM 12,30

HEFT 123
Dipl.-Ing. J. Emondts, Aachen
Über Bodenverformungen bei stark gestörtem und mächtigem, wasserführendem Deckgebirge im Aachener Steinkohlengebiet
1955, 196 Seiten, 37 Abb., 10 Tabellen, DM 28,80

HEFT 124
Prof. Dr. R. Seyffert, Köln
Wege und Kosten der Distribution der Hauswaren im Lande Nordrhein-Westfalen
1955, 74 Seiten, 25 Tabellen, DM 9,—

Springer Fachmedien Wiesbaden GmbH

HEFT 125
Prof. Dr. E. Kappler, Münster
Eine neue Methode zur Bestimmung von Kondensations-Koeffizienten von Wasser
1955, 46 Seiten, 11 Abb., 1 Tabelle, DM 9,10

HEFT 126
Prof. Dr.-Ing. J. Mathieu, Aachen
Arbeitszeitvergleich
Grundlagen, Methodik und praktische Durchführung
1955, 70 Seiten, DM 13,—

HEFT 127
Güteschutz Betonstein e. V., Arbeitskreis Nordrhein-Westfalen, Dortmund
Die Betonwaren-Gütesicherung im Lande Nordrhein-Westfalen
1955, 58 Seiten, 15 Abb., 3 Tabellen, DM 11,50

HEFT 128
Prof. Dr. O. Schmitz-DuMont, Bonn
Untersuchungen über Reaktionen in flüssigem Ammoniak
1955, 96 Seiten, 11 Abb., 6 Tabellen, DM 17,75

HEFT 129
Prof. Dr.-Ing. J. Mathieu und Dr. C. A. Roos, Aachen
Die Anlernung von Industriearbeitern
I. Ergebnisse einer grundsätzlichen Untersuchung der gegenwärtigen Industriearbeiter-Kurzanlernung
1955, 106 Seiten, DM 19,70

HEFT 130
Prof. Dr.-Ing. J. Mathieu und Dr. C. A. Roos, Aachen
Die Anlernung von Industriearbeitern
II. Beiträge zur Methodenfrage der Kurzanlernung
1955, 108 Seiten, DM 19,90

HEFT 131
Dr. W. Hoerburger, Köln
Versuche zur Biosynthese von Eiweiß aus Kohlenwasserstoff
1955, 34 Seiten, 2 Abb., DM 6,90

HEFT 132
Prof. Dr. W. Seith, Münster
Über Diffusionserscheinungen in festen Metallen
1955, 42 Seiten, 19 Abb., 4 Tabellen, DM 9,10

HEFT 133
Prof. Dr. E. Jenckel, Aachen
Über einen für Schwermetalle selektiven Ionenaustauscher
1955, 48 Seiten, 8 Abb., 13 Tabellen, DM 9,50

HEFT 134
Prof. Dr.-Ing. H. Winterhager, Aachen
Über die elektrochemischen Grundlagen der Schmelzfluß-Elektrolyse von Bleisulfid in geschmolzenen Mischungen mit Bleichlorid
1955, 54 Seiten, 20 Abb., 5 Tabellen, DM 11,80

HEFT 135
Prof. Dr.-Ing. K. Krekeler und Dr.-Ing. H. Peukert, Aachen
Die Änderung der mechanischen Eigenschaften thermoplastischer Kunststoffe durch Warmrecken
1955, 54 Seiten, 27 Abb., DM 11,10

HEFT 136
Dipl.-Phys. P. Pilz, Remscheid
Über spezielle Probleme der Zerkleinerungstechnik von Weichstoffen
1955, 58 Seiten, 19 Abb., 2 Tabellen, DM 11,50

HEFT 137
Prof. Dr. W. Baumeister, Münster
Beiträge zur Mineralstoffernährung der Pflanzen
1955, 64 Seiten, 6 Tabellen, DM 11,80

HEFT 138
Dr. P. Hölemann und Ing. R. Hasselmann, Dortmund
Untersuchungen über die Zersetzungswärme von gasförmigem und in Azeton gelöstem Azetylen
1955, 54 Seiten, 8 Abb., 7 Tabellen, DM 10,40

HEFT 139
Prof. Dr. W. Fuchs, Aachen
Studien über die thermische Zersetzung der Kohle und die Kohlendestillatprodukte
1955, 64 Seiten, 20 Abb., 22 Tabellen, DM 11,80

HEFT 140
Dr.-Ing. G. Hausberg, Essen
Modellversuche an Zyklonen
1955, 78 Seiten, 24 Abb., DM 15,70

HEFT 141
Dr. J. van Calker und Dr. R. Wienecke, Münster
Untersuchungen über den Einfluß dritter Analysenpartner auf die spektrochemische Analyse
1955, 42 Seiten, 15 Abb., DM 9,10

HEFT 142
Dipl.-Ing. G. M. F. Wiebel, Hannover, A. Konermann und A. Ottenheym, Sennelager
Entwicklung eines Kalksandleichtsteines
1955, 38 Seiten, 4 Abb., DM 8,—

HEFT 143
Prof. Dr. F. Wever, Dr. A. Rose und Dipl.-Ing. W. Straßburg, Düsseldorf
Härtbarkeit und Umwandlungsverhalten der Stähle
1955, 50 Seiten, 12 Abb., 3 Tabellen, DM 10,70

HEFT 144
Prof. Dr. H. Wurmbach, Bonn
Steuerung von Wachstum und Formbildung
1955, 48 Seiten, 19 Abb., DM 10,30

HEFT 145
Dr. G. Hennemann, Werdohl (Westf.)
Beitrag zur Interpretation der modernen Atomphysik
1955, 34 Seiten, DM 10,—

HEFT 146
Dr.-Ing. F. Gruß, Düsseldorf
Sterilisation mit Heißluft
1955, 34 Seiten, 10 Abb., DM 7,70

HEFT 147
Dr.-Ing. W. Rudisch, Unna
Untersuchung einer drehelastischen Elektromagnet-Synchronkupplung
1955, 82 Seiten, 65 Abb., DM 17,70

HEFT 148
Prof. Dr. H. Bittel u. Dipl.-Phys. L. Storm, Münster
Untersuchungen über Widerstandsrauschen
1955, 40 Seiten, 5 Abb., DM 8,40

HEFT 149
Dipl.-Ing. K. Konopicky und Dipl.-Chem. P. Kampa, Bonn
I. Beitrag zur flammenphotometrischen Bestimmung des Calciums
Dr.-Ing. K. Konopicky, Bonn
II. Die Wanderung von Schlackenbestandteilen in feuerfesten Baustoffen
1955, 54 Seiten, 10 Abb., 5 Tabellen, DM 11,—

HEFT 150
Prof. Dr.-Ing. O. Kienzle und Dipl.-Ing. W. Timmerbeil, Hannover
Das Durchziehen enger Kragen an ebenen Fein- und Mittelblechen
1955, 52 Seiten, 20 Abb., 8 Tabellen, DM 11,30

HEFT 151
Dipl.-Ing. P. Karabasch, Aachen
Feststellung des optimalen Gasgehaltes von Bronzen zur Erzielung druckdichter Gußstücke
1956, 64 Seiten, 31 Abb., 5 Tabellen, DM 13,90

HEFT 152
Dipl.-Ing. G. Müller, Köln
Ermittlung der Laufeigenschaften (Vergießbarkeit) von Bronze und Rotguß mittels der Schneider-Gießspirale
1955, 60 Seiten, 33 Abb., DM 13,30

HEFT 153
Prof. Dr. F. Wever, Dr.-Ing. W. A. Fischer und Dipl.-Ing. J. Engelbrecht, Düsseldorf
I. Die Reduktion sauerstoffhaltiger Eisenschmelzen im Hochvakuum mit Wasserstoff und Kohlenstoff
II. Einfluß geringer Sauerstoffgehalte auf das Gefüge und Alterungsverhalten von Reineisen
1955, 54 Seiten, 15 Abb., 2 Tabellen, DM 12,40

HEFT 154
Prof. Dr.-Ing. P. Bardenheuer und Dr.-Ing. W. A. Fischer, Düsseldorf
Die Verschlackung von Titan aus Stahlschmelzen im sauren und basischen Hochfrequenzofen unter verschiedenen Schlacken
1955, 36 Seiten, 10 Abb., 1 Tabelle, DM 7,95

HEFT 155
Dipl.-Phys. K. H. Schirmer, München
Die auf Grau abgestimmte Farbwiedergabe im Dreifarbenbuchdruck
1955, 46 Seiten, 17 Abb., 2 Farbtafeln, DM 10,—

HEFT 156
Prof. Dr.-Ing. B. von Borries und Mitarbeiter, Düsseldorf
Die Entwicklung regelbarer permanentmagnetischer Elektronenlinsen hoher Brechkraft und eines mit ihnen ausgerüsteten Elektronenmikroskopes neuer Bauart
1956, 102 Seiten, 52 Abb., DM 22,55

HEFT 157
Dr. W. Jawtusch, Dr. G. Schuster und Prof. Dr.-Ing. R. Jaeckel, Bonn
Untersuchungen über die Stoßvorgänge zwischen neutralen Atomen und Molekülen
1955, 48 Seiten, 15 Abb., 3 Tabellen, DM 10,50

HEFT 158
Dipl.-Ing. W. Rosenkranz, Meinerzhagen
Ein Beitrag zum Problem der Spannungskorrosion bei Preßprofilen und Preßteilen aus Aluminium-Legierungen
1956, 112 Seiten, 61 Abb., 5 Tabellen, DM 27,40

HEFT 159
Dr.-Ing. O. Viertel und O. Oldenroth, Krefeld
Das Bleichen von Weißwäsche mit Wasserstoffsuperoxyd bzw. Natriumhypochlorit beim maschinellen Waschen
1955, 54 Seiten, 23 Abb., 2 Tabellen, DM 11,45

HEFT 160
Prof. Dr. W. Klemm, Münster
Über neue Sauerstoff- und Fluor-haltige Komplexe
1955, 50 Seiten, 13 Abb., 7 Tabellen, DM 10,80

HEFT 161
Prof. Dr. W. Weltzien und Dr. G. Hauschild, Krefeld
Über Silikone und ihre Anwendung in der Textilveredlung
1955, 162 Seiten, 22 Abb., 10 Tabellen, DM 27,—

HEFT 162
Prof. Dr. F. Wever, Prof. Dr. A. Kochendörfer und Dr.-Ing. Chr. Rohrbach, Düsseldorf
Kennzeichnung der Sprödbruchneigung von Stählen durch Messung der Fließspannung, Reißspannung und Brucheinschnürung an dreiachsig beanspruchten Proben
1955, 58 Seiten, 26 Abb., DM 13,—

HEFT 163
Dipl.-Ing. W. Rohs und Text.-Ing. H. Griese, Bielefeld
Untersuchungsarbeiten zur Verbesserung des Leinenwebstuhls III
1955, 80 Seiten, 15 Abb., 18 Tabellen, DM 15,80

HEFT 164
Dr.-Ing. H. Schmachtenberg, Köln
Neuartige Prüfeinrichtungen für Kraftfahrzeuge
1955, 44 Seiten, 23 Abb., DM 9,60

HEFT 165
Dr.-Ing. W. Wilhelm, Aachen
Instationäre Gasströmung im Auspuffsystem eines Zweitaktmotors
1955, 62 Seiten, 31 Abb., 8 Tabellen, DM 13,60

HEFT 166
Prof. Dr. M. v. Stackelberg, Dr. H. Heindze, Dr. H. Hübschke und Dr. K. H. Frangen, Bonn
Kolloidchemische Untersuchungen
1955, 106 Seiten, 8 Abb., 13 Tabellen, DM 21,25

HEFT 167
Prof. Dr.-Ing. F. Schuster, Essen
I. Über die Heißkarburierung von Brenngasen mit Ölen und Teeren
II. Die Strahlungsvorgänge in brennstoffbeheizten Öfen bei verschiedenen Verbrennungsatmosphären
1955, 38 Seiten, 8 Abb., DM 8,30

HEFT 168
Prof. Dr.-Ing. F. Schuster, Essen
I. Luftvorwärmung an Gasfeuerungen
II. Einfluß von Brenngasen und Wirkungsgrad sowie Gasverbrauch bei der Gasverwendung
III. Sauerstoffangereicherte Luft und feuerungstechnische Kenngrößen von Brenngasen
1955, 60 Seiten, 18 Abb., DM 12,50

HEFT 169
Forschungsinstitut für Pigmente und Lacke, Stuttgart
Arbeiten über die Bestimmung des Gebrauchswertes von Lackfilmen durch physikalische Prüfungen
1955, 70 Seiten, 23 Abb., 4 Tabellen, DM 15,—

HEFT 170
Prof. Dr. F. Wever, Dr. A. Rose und Dipl.-Ing L. Rademacher, Düsseldorf
Anwendung der Umwandlungsschaubilder auf Fragen der Werkstoffauswahl beim Schweißen und Flammhärten
1955, 64 Seiten, 25 Abb., DM 13,70

Springer Fachmedien Wiesbaden GmbH

HEFT 171
Wäschereiforschung Krefeld
Untersuchung der Wäscheentwässerung mit Hilfe von Zentrifugen und Pressen
1955, 42 Seiten, 16 Abb., 4 Tabellen, DM 9,70

HEFT 172
Dipl.-Ing. W. Rohs, Dr.-Ing. G. Satlow und Text.-Ing. G. Heller, Bielefeld
Trocknung von Hanfgarnen. Kreuzspultrocknung
1955, 60 Seiten, 7 Abb., 4 Tabellen, DM 10,30

HEFT 173
Prof. Dr. R. Hosemann und Dipl.-Phys. G. Schoknecht, Berlin, vorgelegt von Prof. Dr. W. Kast, Krefeld
Lichtoptische Herstellung und Diskussion der Faltungsquadrate parakristalliner Gitter
1956, 108 Seiten, 63 Abb., 6 Tabellen, DM 24,70

HEFT 174
Prof. Dr. W. von Fragstein, Dr. J. Meingast und H. Hoch, Köln
Herstellung von Solen einheitlicher Teilchengröße und Ermittlung ihrer optischen Eigenschaften
1955, 78 Seiten, 80 Abb., 4 Tabellen, DM 18,25

HEFT 175
Dr.-Ing. H. Zeller, Aachen
Beitrag zur eindimensionalen stationären und nichtstationären Gasströmung mit Reibung und Wärmeleitung, insbesondere in Rohren mit unstetigen Querschnittsänderungen.
1956, 138 Seiten, 56 Abb., DM 29,30

HEFT 176
Dipl.-Ing. H. Schöberl, Duisburg
Über die Methoden zur Ermittlung der Verbrennungstemperatur von Brennstoffen und ein Vorschlag zu ihrer Verbesserung
1955, 30 Seiten, 3 Abb., DM 6,50

HEFT 177
Dipl.-Ing. H. Stüdemann, Solingen, und Dr.-Ing. W. Müchler, Essen
Entwicklung eines Verfahrens zur zahlenmäßigen Bestimmung der Schneideigenschaften von Messerklingen
1956, 104 Seiten, 68 Abb., 4 Tabellen, DM 22,20

HEFT 178
Prof. Dr. M. von Stackelberg u. Dr. W. Hans, Bonn
Untersuchungen zur Ausarbeitung und Verbesserung von polarographischen Analysenmethoden
1955, 46 Seiten, 14 Abb., DM 10,50

HEFT 179
Dipl.-Ing. H. F. Reineke, Bochum
Entwicklungsarbeiten auf dem Gebiete der Meß- und Regeltechnik
1955, 46 Seiten, 10 Abb., DM 10,—

HEFT 180
Dr.-Ing. W. Piepenburg, Dipl.-Ing. B. Bühling und Bauing. J. Behnke, Köln
Putzarbeiten im Hochbau und Versuche mit aktiviertem Mörtel und mechanischem Mörtelauftrag
1955, 116 Seiten, 31 Abb., 68 Tabellen, DM 23,—

HEFT 181
Prof. Dr. W. Franz, Münster
Theorie der elektrischen Leitvorgänge in Halbleitern und isolierenden Festkörpern bei hohen elektrischen Feldern
1955, 28 Seiten, 2 Abb., 1 Tabelle, DM 6,20

HEFT 182
Dr.-Ing. P. Schenk u. Dr. K. Osterloh, Düsseldorf
Katalytisch-thermische Spaltung von gasförmigen und flüssigen Kohlenwasserstoffen zur Spitzengaserzeugung
1955, 50 Seiten, 11 Abb., 11 Tabellen, DM 10,90

HEFT 183
Dr. W. Bornheim, Köln
Entwicklungsarbeiten an Flaschen- und Ampullen-Behandlungsmaschinen für die pharmazeutische Industrie
1956, 48 Seiten, 24 Abb., DM 11,70

HEFT 184
Dr.-Ing. E. Printz, Kettwig
Vollhydraulische Parallel-Kupplung für Ackerschlepper
1955, 32 Seiten, 4 Abb., DM 7,80

HEFT 185
Dipl.-Ing. W. Rohs und Text.-Ing. G. Heller, Bielefeld
Studien an einem neuzeitlichen Kreuzspultrockner für Bastfasergarne mit Wiederbefeuchtungszone
1955, 52 Seiten, 9 Abb., 3 Tabellen, DM 10,70

HEFT 186
Dr. E. Wedekind, Krefeld
Untersuchungen zur Arbeitsbestgestaltung bei der Fertigstellung von Oberhemden in gewerblichen Wäschereien
1955, 124 Seiten, 28 Abb., 6 Tabellen, 2 Falttaf., DM 12,—

HEFT 187
Dipl.-Ing. F. Göttgens, Essen
Über die Eigenarten der Bimetall-, Thermo- und Flammenionisationssicherungsmethode in ihrer Anwendung auf Zündsicherungen
1955, 40 Seiten, 6 Abb., 4 Tabellen, DM 8,40

HEFT 188
W. Kinnebrock, Langenberg (Rhld.)
Der Einfluß des Austausches gleicher Gaskochbrenner bzw. Gaskochbrennerteile auf den Wirkungsgrad und insbesondere auf den CO-Gehalt der Verbrennungsgase
1955, 42 Seiten, 7 Tabellen, DM 8,70

HEFT 189
Fa. E. Leybold's Nachfolger, Köln
I. Ausgewählte Kapitel aus der Vakuumtechnik
II. Zum Verlust anorganisch-nichtflüchtiger Substanzen während der Gefriertrocknung
1955, 52 Seiten, 16 Abb., 3 Tabellen, DM 11,20

HEFT 190
Prof. Dr. A. Neuhaus, Prof. Dr. O. Schmitz-DuMont und Dipl.-Chem. H. Reckhard, Bonn
Zur Kenntnis der Alkalititanate
1955, 60 Seiten, 13 Abb., 1 Tabelle, DM 12,20

HEFT 191
Dr. H. Söhngen, Darmstadt
Schwingungsverhalten eines Schaufelkranzes im Vakuum
1955, 36 Seiten, 7 Abb., DM 7,80

HEFT 192
Dipl.-Phys. E. M. Schneider, München
Kohlebogenlampen für Aufnahme und Kopie
1955, 48 Seiten, 21 Abb., 3 Tabellen, DM 10,60

HEFT 193
Prof. Dr. O. Schmitz-DuMont, Bonn
Untersuchungen über neue Pigmentfarbstoffe
1956, 50 Seiten, 16 Abb., 8 Tabellen, DM 11,20

HEFT 194
Dr. K. Hecht, Köln
Entwicklung neuartiger physikalischer Unterrichtsgeräte
1955, 42 Seiten, 16 Abb., DM 9,90

HEFT 195
Dr.-Ing. E. Rößger, Köln
Gedanken über einen neuen deutschen Luftverkehr
1955, 342 Seiten, 29 Abb., 122 Tabellen, DM 50,—

HEFT 196
Dipl.-Ing. W. Rohs und Text.-Ing. H. Griese, Bielefeld
Auswirkungen von Garnfehlern bei der Verarbeitung von Leinengarnen
1955, 36 Seiten, 3 Abb., 6 Tabellen, DM 7,80

HEFT 197
Dr. E. Wedekind, Krefeld
Untersuchungen zur Bestimmung der optimalen Arbeitsplatzgröße bei Mehrstuhlarbeit in der Weberei
1955, 92 Seiten, 34 Abb., DM 18,50

HEFT 198
Prof. Dr. J. Weissinger, Karlsruhe
Zur Aerodynamik des Ringflügels. Die Druckverteilung dünner, fast drehsymmetrischer Flügel in Unterschallströmung
1955, 42 Seiten, 5 Abb., DM 9,—

HEFT 199
Textilforschungsanstalt Krefeld
Die Messung von Gewebetemperaturen mittels Temperaturstrahlung
1955, 50 Seiten, 12 Abb., DM 10,90

HEFT 200
R. Seipenbusch, Langenberg (Rhld.)
Spitzengas durch Zusatz von Flüssiggas-Wassergas- und Flüssiggas-Generatorgas-Gemischen zu Stadtgas
1955, 48 Seiten, 21 Abb., DM 10,35

HEFT 201
Dr.-Ing. E. W. Pleines, Frankfurt/Main
Die Sicherheit im Luftverkehr
1956, 194 Seiten, 39 Abb., 19 Tabellen, DM 39,50

HEFT 202
Dipl.-Ing. D. Fiecke, Stuttgart/Zuffenhausen
Die Bestimmung der Flugzeugpolaren für Entwurfszwecke. I. Teil: Unterlagen
1956, 216 Seiten, 171 Diagr., DM 59,70

HEFT 203
Dr. G. Wandel, Bonn
Uferbewachung und Lebendverbauung an den Nordwestdeutschen Kanälen und ihren Zuflüssen sowie an der Ruhr
1956, 122 Seiten, 88 Abb., DM 25,70

HEFT 204
Dipl.-Ing. B. Naendorf, Langenberg (Rhld.)
Bestimmung der Brenneigenschaften und des Brennverhaltens verschiedener Gasarten und Einfluß verschiedener Düsengestaltung
1955, 32 Seiten, DM 7,10

HEFT 205
Dr. C. Schaarwächter, Düsseldorf
Über plastische Kupfer-Eisen-Phosphor-Legierungen
1936, 36 Seiten, 10 Abb., 10 Tabellen, DM 8,30

HEFT 206
Dr. P. Hölemann, Ing. R. Hasselmann und Ing. G. Dix, Dortmund
Untersuchungen über die Vorgänge bei der Zersetzung von in Azeton gelöstem Azetylen
1956, 74 Seiten, 7 Abb., 7 Tabellen, DM 15,55

HEFT 207
Prof. Dr.-Ing. H. Opitz, Dipl.-Ing. K. H. Fröhlich und Dipl.-Ing. H. Siebel, Aachen
Richtwerte für das Fräsen von unlegierten und legierten Baustählen mit Hartmetall. I. Teil
1956, 48 Seiten, 27 Abb., 3 Tabellen, DM 11,10

HEFT 208
Prof. Dr.-Ing. H. Müller, Essen
Untersuchung von Elektrowärmegeräten für Laienbedienung hinsichtlich Sicherheit und Gebrauchsfähigkeit. I. Untersuchungen an Kochplatten
1956, 100 Seiten, 76 Abb., 7 Tabellen, DM 22,70

HEFT 209
Dr. K. Bunge, Leverkusen
Materialabbau in Funkenentladungen. Untersuchungen an Zinkkathoden
1956, 54 Seiten, 10 Abb., 5 Tabellen, DM 11,40

HEFT 210
Dr. W. Porschen und Prof. Dr. W. Riezler, Bonn
Langlebige Alphaaktivitäten bei natürlichen Elementen
1955, 40 Seiten, 5 Abb., 4 Tabellen, DM 8,80

HEFT 211
Prof. Dipl.-Ing. W. Sturtzel und Dr.-Ing. W. Graff, Duisburg
Die Versuchsanstalt für Binnenschiffbau, Duisburg
1956, 48 Seiten, 22 Abb., 11,—

HEFT 212
Dipl.-Ing. H. Spodig, Selm
Untersuchungen zur Anwendung der Dauermagnete in der Technik
1955, 44 Seiten, 25 Abb., DM 9,80

HEFT 213
Dipl.-Ing. K. F. Rittinghaus, Aachen
Zusammenstellung eines Meßwagens für Bau- und Raumakustik
in Vorbereitung

HEFT 214
Dr.-Ing. J. Endres, München
Berechnung der optimalen Leistungen, Kraftstoffverbräuche und Wirkungsgrade von Einkreis-Turbolader-Strahltriebwerken am Boden und in der Höhe bei Fluggeschwindigkeiten von 0—2000 km/h
1956, 72 Seiten, 18 Abb., 8 Tabellen, DM 15,40

HEFT 215
Prof. Dr.-Ing. H. Opitz und Dr.-Ing. G. Weber, Aachen
Einfluß der Wärmebehandlung von Baustählen auf Spanentstehung, Schnittkraft- und Standzeitverhalten
1956, 80 Seiten, 30 Abb., 10 Tabellen, DM 18,40

HEFT 216
Dr. E. Kloth, Köln
Untersuchungen über die Ausbreitung kurzer Schallimpulse bei der Materialprüfung mit Ultraschall
1956, 90 Seiten, 60 Abb., 4 Tabellen, DM 19,40

HEFT 217
Rationalisierungskuratorium der Deutschen Wirtschaft (RKW), Frankfurt/Main
Typenvielzahl bei Haushaltgeräten und Möglichkeiten einer Beschränkung
1956, 328 Seiten, 2 Abb., 181 Tabellen, DM 49,50

HEFT 218
Dr. F. Keune, Aachen
Bericht über eine Theorie der Strömung um Rotationskörper ohne Anstellung bei Machzahl Eins
1955, 40 Seiten, 8 Abb., 5 Formelblätter, DM 8,80

Springer Fachmedien Wiesbaden GmbH

HEFT 219
Prof. Dr. W. Fuchs, Aachen
Untersuchungen zur Holzabfallverwertung und zur Chemie des Lignins
1955, 54 Seiten, 11 Abb., 15 Tabellen DM 11,40

HEFT 220
Prof. Dr. W. Fuchs, Aachen
Die Entwicklung neuer Regel- und Kontroll-Apparate zur coulometrischen Analyse
1956, 76 Seiten, 17 Abb. 23 Tabellen, DM 15,50

HEFT 221
Dr. W. Meyer-Eppler, Bonn
Experimentelle Untersuchungen zum Mechanismus von Stimme und Gehör in der lautsprachlichen Kommunikation 1955, 56 Seiten, 24 Abb., DM 13,45

HEFT 222
Dr. L. Köllner, Münster, und Dipl.-Volkswirt M. Kaiser, Bochum
Die internationale Wettbewerbsfähigkeit der westdeutschen Wollindustrie 1956, 214 Seiten, DM 39,50

HEFT 223
Dr.-Ing. K. Alberti und Dr. F. Schwarz, Köln
Über das Problem Hartbrand-Weichbrand
1956, 54 Seiten, 25 Abb., 14 Tabellen, DM 12,10

HEFT 224
Dipl.-Ing. H. Stüdeman und Ing. R. Beu, Solingen
Verfahren zur Prüfung der Korrosionsbeständigkeit von Messerklingen aus rostfreiem Stahl
1956, 82 Seiten, 28 Abb., DM 16,90

HEFT 225
Dr.-Ing. E. Barz, Remscheid
Der Spannungszustand von Gattersägeblättern
1956, 74 Seiten, 54 Abb., DM 16,50

HEFT 226
Technisch-wissenschaftliches Büro für die Bastfaserindustrie, Bielefeld
Untersuchungen zur Verbesserung des Leinenwebstuhles IV
Die Wirkung verschiedener Kettbaumbremsen auf die Verwebung von Leinengarnen
1956, 64 Seiten, 9 Abb., 4 Tabellen, DM 13,50

HEFT 227
Prof. Dr. F. Wever, Düsseldorf und Dr. W. Wepner, Köln
Untersuchung der Alterungsneigung von weichen unlegierten Stählen durch Härteprüfung bei Temperaturen bis 300 Grad C
1956, 34 Seiten, 20 Abb., 3 Tabellen, DM 7,95

HEFT 228
Prof. Dr. F. Wever, Dr. W. Koch, Düsseldorf, und Dr. B. A. Steinkopf, Dortmund
Spektrochemische Grundlagen der Analyse von Gemischen aus Kohlenmonoxyd, Wasserstoff und Stickstoff 1956, 42 Seiten, 18 Abb., 1 Tabelle, DM 9,90

HEFT 229
Prof. Dr. F. Wever, Dr. W. Koch und Dr.-Ing. H. Malissa. Düsseldorf
Über die Anwendung disubstituierter Dithiocarbamate der analytischen Chemie
1956, 44 Seiten, 30 Abb., 5 Tabellen, DM 10,50

HEFT 230
Prof. Dr. F. Wever, Düsseldorf, und Dr. W. Wepner, Köln
Bestimmung kleiner Kohlenstoffgehalte im Alpha-Eisen durch Dämpfungsmessung
1956, 34 Seiten, 5 Abb., 2 Tabellen, DM 7,70

HEFT 231
Dr.-Ing. W. Küch, Dortmund
Über die Wechselwirkung zwischen Holzschutzbehandlung und Verleimung
1956, 48 Seiten, 10 Abb., 8 Tabellen, DM 10,40

HEFT 232
Prof. Dr.-Ing. O. Kienzle, Hannover, und Dr.-Ing. H. Münnich, Schweinfurt
Feststellung der Spannungen und Dehnungen und Bruchdrehzahlen der unter Fliehkraft und Bearbeitungskraft beanspruchten Schleifkörper
in Vorbereitung

HEFT 233
Dr. H. Haase, Hamburg
Infrarot-Bibliographie 1956, 90 Seiten, DM 17,80

HEFT 234
Dr.-Ing. K. G. Speith und Dr.-Ing. A. Bungeroth, Duisburg
Versuche zur Steigerung des Kokillen-Schluckvermögens beim Stranggießen von Stahl
1956, 26 Seiten, 5 Abb., DM 6,15

HEFT 235
Prof. Dr.-Ing. K. Leist und Dipl.-Ing. W. Dettmering, Aachen
Turbinenschaufeln aus Kunststoff für Kaltluftversuchsanlagen
1956, 46 Seiten, 43 Abb., 3 Tabellen, DM 12,30

HEFT 236
Dr.-Ing. O. Viertel und S. Lucas, Krefeld
Ergebnisse einer Hausfrauenbefragung über Wascheinrichtungen und Waschmethoden in städtischen Haushaltungen
1956, 34 Seiten, 4 Abb., DM 7,60

HEFT 237
Dr. P. Endler und Dr. H. Ludes, Köln
Bericht über eine Studienreise zur Orientierung der heutigen Behandlung der Lungentuberkulose in den Vereinigten Staaten von Nordamerika
1956, 32 Seiten, DM 7,10

HEFT 238
Institut für textile Meßtechnik, M-Gladbach, e. V.
Untersuchungen der Verzugsvorgänge an den Streckwerken verschiedener Spinnereimaschinen. 3. Bericht: Theoretische Betrachtungen über den Einfluß schlagender Zylinder und Druckrollen
1956, 66 Seiten, 21 Abb., DM 14,10

HEFT 239
Prof. Dr.-Ing. K. Leist und Dipl.-Ing. H. Scheele, Aachen, und Dipl.-Ing. F. H. Flottmann, Herne
Versuche an einem neuartigen luftgekühlten Hochleistungs-Kolbenkompressor
1956, 72 Seiten, 19 Abb., 7 Tabellen, DM 14,40

HEFT 240
Prof. Dr.-Ing. K. Leist und Dipl.-Ing. H. Scheele, Aachen
Temperaturmessungen an einem einstufigen luftgekühlten 4-Zylinder-Kolbenkompressor mit Kühlgebläse 1956, 74 Seiten, 36 Abb., DM 14,80

HEFT 241
Prof. Dr.-Ing. K. Leist und Dipl.-Ing. M. Pötke, Aachen
Leistungsversuche an einem Kühlluftgebläse
1956, 60 Seiten, 13 Abb., DM 11,70

HEFT 242
Prof. Dr.-Ing. K. Leist und Dipl.-Ing. K. Graf, Aachen
Straßenfahrzeuge mit Gasturbinenantrieb
1956, 82 Seiten, 63 Abb., DM 17,20

HEFT 243
Prof. Dr.-Ing. K. Leist und Dipl.-Ing. S. Förster, Aachen
Die französische Kleingasturbine Artouste — 1. Teil
1956, 80 Seiten, 41 Abb., DM 15,85

HEFT 244
Prof. Dr. F. Wever, Dr. W. Koch und Dr. S. Eckhard, Düsseldorf
Erfahrungen mit der spektrochemischen Analyse von Gefügebestandteilen des Stahles
1956, 32 Seiten, 8 Abb., 2 Tabellen, DM 7,80

HEFT 245
Prof. Dr. habil. K. Krekeler, Aachen
Das Verbinden von Metallen durch Kunstharzkleber. Teil I: Eigenschaften und Verwendung der Metallklebstoffe 1956, 48 Seiten, 8 Abb., DM 10,25

HEFT 246
Prof. Dr. habil. K. Krekeler, Aachen
Das Verbinden von Metallen durch Kunstharzkleber. Teil II: Untersuchungen an geklebten Leichtmetall-Verbindungen 1956, 80 Seiten, 40 Abb., DM 17,50

HEFT 247
Dr. H. Söhngen, Darmstadt
Strömung vor einem Überschall-Laufrad
1956, 26 Seiten, 4 Abb., DM 7,60

HEFT 248
Rheinische Aktiengesellschaft für Braunkohlenbergbau und Brikettfabrikation, Köln
Untersuchung der Bindemitteleigenschaften von Braunkohlenfilteraschen
1956, 176 Seiten, 26 Abb., 30 Tabellen, DM 35,60

HEFT 249
Dr. M.-E. Meffert, Essen
Weitere Kulturversuche mit Scenedesmus obliquus
1956, 36 Seiten, 5 Abb., 10 Tabellen, DM 8,—

HEFT 250
Dr. F. Schwarz und Dr.-Ing. K. Alberti, Köln
Entwicklung von Untersuchungsverfahren zur Gütebeurteilung von Industriekalken
1956, 36 Seiten, 9 Abb., DM 16,50

HEFT 251
Prof. Dr. H. Bittel, Münster
Zur Statistik der ferromagnetischen Elementarvorgänge und ihren Einfluß auf das Barkhausenrauschen
1956, 52 Seiten, 14 Abb., DM 11,65

HEFT 252
Dipl.-Ing. H. Frings, Geilenkirchen
Die Wirkung abfallender Wetterführung auf Wettertemperatur, Grubengasgehalt und Staubbildung
in Vorbereitung

HEFT 253
Dipl.-Ing. S. Schirmanski, Berghausen
Stand und Auswertung der Forschungsarbeiten über Temperatur- und Feuchtigkeitsgrenzen bei der bergmännischen Arbeit
in Vorbereitung

HEFT 254
Prof. Dr. R. Danneel, Bonn
Quantitative Untersuchungen über die Entwicklung des Ehrlich-Ascitestumors bei Inzuchtmäusen
1956, 52 Seiten, 17 Tabellen, DM 11,75

HEFT 255
Ing. B. v. Schlippe, Bad Nauheim
Strömung von Flüssigkeiten mit temperaturabhängiger Zähigkeit (Kühlung von Öfen)
1956, 54 Seiten, 12 Abb., 4 Tabellen, DM 11,70

HEFT 256
Prof. Dr. C. Schmieder und Dipl.-Math. K. H. Müller, Darmstadt
Die Strömung einer Quellstrecke im Halbraum — eine strenge Lösung der Navier-Stokes-Gleichungen
1956, 40 Seiten, 9 Abb., DM 8,80

HEFT 257
Prof. Dr. G. Lehmann und Dr. J. Tamm, Dortmund
Die Beeinflussung vegetativer Funktionen des Menschen durch Geräusche
1956, 48 Seiten, 25 Abb., 3 Tabellen, DM 11,20

HEFT 258
Dr. H. Paul, Linz (Rhein), und Prof. Dr. O. Graf, Dortmund
Zur Frage der Unfälle im Bergbau
1956, 52 Seiten, 9 Abb., 22 Tabellen, DM 11,20

HEFT 259
Prof. D. W. Linke, Aachen
Strömungsvorgänge in künstlich belüfteten Räumen
1956, 52 Seiten, 37 Abb., 1 Tabelle, DM 11,80

HEFT 260
Prof. Dr. W. Kast, Freiburg (Br.), Prof. Dr. A. H. Stuart und Dipl.-Phys. H. G. Fendler, Hannover
Lichtzerstreuungsmessungen an Lösungen hochpolymerer Stoffe
1956, 70 Seiten, 25 Abb., 5 Tabellen, DM 15,60

HEFT 261
Prof. Dr. W. Kast, Freiburg (Br.)
Feinstruktur-Untersuchungen an künstlichen Zellulosefasern verschiedener Herstellungsverfahren. Teil II: Der Kristallisationszustand
1956, 80 Seiten, 27 Abb., 11 Tabellen, DM 17,20

HEFT 262
Dr.-Ing. W. Batel, Aachen
Untersuchungen zur Absiebung feuchter, feinkörniger Haufwerke und Schwingsieben
1956, 100 Seiten, 45 Abb., 5 Tabellen, DM 23,40

HEFT 263
Prof. Dr. H. Lange und Dipl.-Phys. R. Kohlhaas, Köln
Über die Wärmeleitfähigkeit von Stählen bei hohen Temperaturen: Teil I: Literaturbericht
1956, 48 Seiten, 26 Abb., 8 Tabellen, DM 10,70

HEFT 264
Prof. Or. W. Weizel, Bonn
Durch schnelle Funkenzusammenbrüche ausgelöste Signale auf einer Leitung
1956, 26 Seiten, 4 Abb., 3 Tabellen, DM 6,10

HEFT 265
Prof. Dr. F. Micheel und Dr. R. Engel, Münster
Eine Apparatur zur elektrophoretischen Trennung von Stoffgemischen
1956, 38 Seiten, 21 Abb., DM 9,20

HEFT 266
Fliesen-Beratungsstelle Bad Godesberg-Mehlem
Güteeigenschaften keramischer Wand- und Bodenfliesen und deren Prüfmethoden
1956, 32 Seiten, DM 7,10

HEFT 267
Prof. Dr. W. Weizel und B. Brandt, Bonn
Zur Stabilität stromstarker Glimmentladungen
1956, 36 Seiten, 7 Abb., DM 8,40

Springer Fachmedien Wiesbaden GmbH

HEFT 268
Prof. Dr.-Ing. G. Vogelpohl, Göttingen
Über die Tragfähigkeit von Gleitlagern und ihre Berechnung
1956, 76 Seiten, 24 Abb., 7 Tabellen, DM 16,85

HEFT 269
Markscheider R. Bals, Bochum
Eignung des Gebirgsankerausbaus zur Erleichterung des Streckenvortriebs im Steinkohlenbergbau
1956, 84 Seiten, 41 Abb., DM 18,75

HEFT 270
Dr. H. Krebs und Mitarbeiter, Bonn
Die Trennung von Racematen auf chromatographischem Wege
1956, 62 Seiten, 18 Tabellen, DM 12,95

HEFT 271
Prof. Dr.-Ing. H. Opitz und Dipl.-Ing. H. Axer, Aachen
Beeinflussung des Verschleißverhaltens bei spanenden Werkzeugen durch flüssige und gasförmige Kühlmittel und elektrische Maßnahmen
1956, 46 Seiten, 28 Abb., DM 10,70

HEFT 272
Prof. Dr. W. Fuchs und Dr. H. Dresia, Aachen
Untersuchungen über die Schnellverbrennung und Schnellvergasung fester Brennstoffe
1956, 56 Seiten, 14 Abb., 3 Tabellen, DM 11,90

HEFT 273
Fa. K. W. Tacke G.m.b.H., Wuppertal-Barmen
Erfahrungen beim Verspinnen von Perlonfasern und bei der Herstellung von Trikotagen aus gesponnenem Perlon
1956, 36 Seiten, DM 7,90

HEFT 274
Prof. Dr.-Ing. K. Krekeler, Aachen
Qualitative Untersuchungen bei Verbindungsschweißungen mittels Lichtbogenschweißautomaten unter Verwendung von Blankdraht und Zugabe von ferromagnetischem Pulver als Umhüllung
1956, 68 Seiten, 40 Abb., 8 Tabellen, DM 15,45

HEFT 275
Prof. Dr.-Ing. habil. K. Krekeler, Aachen, und Dipl.-Ing. H. Verhoeven, Aachen
Quantitative Untersuchungen von Punktschweißverbindungen an Tiefzieh- und Aluminiumblechen, die nach dem Argonarc-Punktschweißverfahren hergestellt werden
1956, 64 Seiten, 45 Abb., DM 14,60

HEFT 276
Fa. E. Haage, Mülheim (Ruhr)
Entwicklungsarbeiten im Apparatebau für Laboratorien
1956, 48 Seiten, 18 Abb., DM 10,50

HEFT 277
Dr.-Ing. W. Müchler, Essen
Untersuchung und zahlenmäßige Bestimmung der Schneideigenschaften von Messern und besonderer Berücksichtigung rostfreier Messerstähle
1956, 60 Seiten, 27 Abb., 5 Tabellen, DM 13,20

HEFT 278
Dipl.-Ing. J. Stelter und Dipl.-Ing. H. Kickert, Aachen
I. Sichtbarmachung von Ultraschallfeldern unter Verwendung photographischer Emulsionsschichten
II. Methode zur Bestimmung der wirklichen Temperaturverhältnisse in Flüssigkeiten während der Beschallung (Nach einer Diplom-Arbeit von H. Schnitzler)
1956, 54 Seiten, 24 Abb., DM 12,75

HEFT 279
Dr. F. Keune, Aachen
Der gewölbte und verwundene Tragflügel ohne Dicke in Schallnähe
1956, 42 Seiten, 15 Abb., DM 9,25

HEFT 280
Dipl.-Ing. J. Stelter und Dipl.-Ing. E. Pfende, Aachen
Über Störerscheinungen bei Schallgeschwindigkeitsmessungen mittels der Interferometermethode
1956, 42 Seiten, 13 Abb., DM 9,60

HEFT 281
Prof. Dr.-Ing. K. Lürenbaum, Aachen
Der Meßwagen des Instituts für Maschinen-Dynamik der Deutschen Versuchsanstalt für Luftfahrt, Aachen
1956, 34 Seiten, 17 Abb., DM 8,60

HEFT 282
Bergrat a. D. Scherer, Bochum
Das B. T.-Schwelverfahren und seine Anwendung auf der Anlage Marienau
1956, 44 Seiten, 7 Abb., DM 9,60

HEFT 283
Prof. Dr. F. Wever und Dr.-Ing. W. Lueg, Düsseldorf
Warmstauchversuche zur Ermittlung der Formänderungsfestigkeit von Gesenkschmiede-Stählen
1956, 44 Seiten, 19 Abb., DM 9,90

Heft 284
Prof. Dr. F. Wever, Düsseldorf, Dr.-Ing. H. J. Wiester, Essen, Dr.-Ing. F. W. Straßburg, Duisburg, Prof. Dr.-Ing. H. Opitz, Aachen, und Dr.-Ing. K. H. Fröhlich, Köln
Einfluß des Gefüges auf die Zerspanbarkeit von Einsatz- und Vergütungsstählen
in Vorbereitung

HEFT 285
Prof. Dr.-Ing. O. Kienzle, Dr.-Ing. K. Lange, Hannover, und Dipl.-Ing. H. Meinert, Osterode
Einfluß der Oberfläche auf das Verschleißverhalten von Schmiedegesenken
1956, 62 Seiten, 29 Abb., 8 Tabellen, DM 14,60

HEFT 286
Dr.-Ing. K. Lange, Hannover, Dipl.-Ing. H. Meinert, Osterode, unter Mitarbeit von Dr.-Ing. H. Arend, Mülheim (Ruhr)
Verschleißverhalten hartverchromter Schmiedegesenke
1956, 74 Seiten, 53 Abb., 6 Tabellen, DM 17,65

HEFT 287
Prof. Dr.-Ing. habil. K. Krekeler, Aachen
Änderungen der mechanischen Eigenschaftswerte thermoplastischer Kunststoffe bei Beanspruchung in verschiedenen Medien
1956, 62 Seiten, 23 Abb., 5 Tabellen, DM 13,70

HEFT 288
Dr. K. Brücker-Steinkuhl, Düsseldorf
Anwendung mathematisch-statischer Verfahren in der Industrie
1956, 103 Seiten, 27 Abb., 14 Tabellen, DM 24,20

HEFT 289
Prof. Dr.-Ing. H. Winterhager, Aachen
Kombinierter Widerstands- und Lichtbogen-Vakuumofen zur Verarbeitung von Titanschwamm
Prof. Dr. Dr. h. c. R. Schwarz, Aachen
Erforschung neuer Wege zur Darstellung von Titanmetall
in Vorbereitung

HEFT 290
Dr. D. Horstmann, Düsseldorf
I. Der verstärkte Angriff des Zinks auf Eisen im Temperaturgebiet um 500° C
II. Einfluß eines Antimongehaltes auf den Angriff von Zinkschmelzen auf Eisen
1956, 48 Seiten, 33 Abb., 3 Tabellen, DM 11,90

HEFT 291
Dr.-Ing. H. J. Wiester und Dr. D. Horstmann, Düsseldorf
Der Angriff eisengesättigter Zinkschmelzen auf silizium- und manganhaltiges Eisen
1956, 52 Seiten, 45 Abb., 8 Tabellen, DM 12,60

HEFT 292
Dipl.-Ing. W. Rohs und Text.-Ing. H. Griese, Bielefeld
Webversuche an Leinenwebstühlen mit verbesserter Schaftbewegung
1956, 34 Seiten, 3 Abb., 2 Tabellen, DM 7,60

HEFT 293
Prof. J. W. Korte, unter Mitarbeit von Dipl.-Ing. P. A. Mäcke und Dipl.-Ing. W. Leutzbach, Aachen
Die Leistungsfähigkeit von Verkehrsanlagen des motorisierten städtischen Straßenverkehrs
1956, 98 Seiten, 35 Abb., 5 Tabellen, 1 Falttafel, DM 22,50

HEFT 294
Dipl.-Ing. B. Naendorf, Essen
Untersuchungen industrieller Gasbrenner
1956, 58 Seiten, 6 Abb., 3 Tabellen, DM 12,40

HEFT 295
Prof. Dr.-Ing. H. Opitz und Dipl.-Ing. H. Axer, Aachen
Untersuchung und Weiterentwicklung neuartiger elektrischer Bearbeitungsverfahren
1956, 42 Seiten, 27 Abb., 10 Tabellen, DM 10,30

HEFT 296
Prof. Dr.-Ing. H. Opitz, Aachen
I. Untersuchungen an elektronischen Regelantrieben
II. Statische Untersuchungen zur Ausnutzung von Drehbänken
1956, 46 Seiten, 18 Abb., DM 10,40

HEFT 297
Dr. K. Schaarwächter, Düsseldorf
Die Reduktion von Siliziumtetrachlorid im Lichtbogen zur nachfolgenden Silizierung von Eisenblechen
in Vorbereitung

HEFT 298
Prof. Dr.-Ing. E. Oehler, Aachen
Untersuchung von kritischen Drehzahlen, die durch Kreiselmomente verursacht werden
1956, 50 Seiten, 35 Abb., DM 13,15

HEFT 299
Dr. J. Fassbender und W. Hoppe, Bonn
Eine photoelektrische Nachlaufeinrichtung für Analogie-Rechenmaschinen
1956, 20 Seiten, 8 Abb., DM 7,65

HEFT 300
Prof. Dr. E. Schütz und Privatdozent Dr. H. Caspers, Münster
Tierexperimentelle Untersuchungen über die Alkoholwirkungen auf Erregbarkeit und bioelektrische Spontanaktivität der Hirnrinde
1956, 44 Seiten, 6 Abb., 1 Tabelle, DM 9,55

HEFT 301
Prof. Dr. W. Weltzien, Dr. G. Cossmann und P. Diehl, Krefeld
Über die fraktionierte Füllung von Polyamiden (II)
1956, 54 Seiten, 1 Abb., 16 Tabellen, DM 11,30

HEFT 302
Prof. Dr.-Ing. W. Wegener und Dipl.-Ing. Willi Zahn, Aachen
Untersuchungen von gesponnenen Garnen auf ihre Gleichmäßigkeit nach verschiedenen Meßmethoden
in Vorbereitung

HEFT 303
Prof. Dr. Ing. S. Kiesskalt, Aachen
Das Institut der Forschungsgesellschaft Verfahrenstechnik e. V. an der Technischen Hochschule Aachen
1956, 76 Seiten, 20 Abb., 3 Tabellen, DM 16,40

HEFT 304
Prof. Dr.-Ing. K. Krekeler, Düsseldorf, und Dipl.-Ing. A. Kleine-Albers, Aachen
Beitrag zur thermoelastischen Warmformbarkeit von Hart PVC
in Vorbereitung

HEFT 305
Prof. Dr.-Ing. K. Krekeler, Düsseldorf, Dr.-Ing. H. Peukert, Aachen, und Dipl.-Ing. W. Schmitz, Siegburg
Heißgas-Schweißung von Hart-Polyvinylchlorid mit Zusatzwerkstoff
1956, 44 Seiten, 27 Abb., 5 Tabellen, DM 12,50

HEFT 306
Prof. Dr. B. Rensch, Münster
Elektrophysiologische Untersuchungen zur Analysierung der Bildung von Assoziationen und Gedächtnisspuren in Gehirn und Rückenmark
Prof. Dr. A. Loeser, Münster
Akute und chronische Giftwirkungen sauerstoffhaltiger Lösungsmittel
1956, 36 Seiten, 9 Abb., DM 8,90

HEFT 307
Privatdozent Dr. J. Juilfs, Krefeld
Vergleichende Untersuchungen zur elastischen und bleibenden Dehnung von Fasern
1956, 36 Seiten, 11 Abb., DM 8,30

HEFT 308
Privatdozent Dr. J. Juilfs, Krefeld
Zur Messung der Fadenglätte
1956, 22 Seiten, 10 Abb., 2 Tabellen, DM 8,—

HEFT 309
Prof. Dr. K. Cruse und Mitarbeiter, Clausthal-Zellerfeld
Aufbau und Arbeitsweise eines universell verwendbaren Hochfrequenz-Titrationsgerätes
1957, 48 Seiten, 29 Abb., DM 11,90

HEFT 310
Dr. P. F. Müller, Bonn
Die Integrieranlage des Rheinisch-Westfälischen Instituts für Instrumentelle Mathematik in Bonn
1956, 62 Seiten, 6 Abb., 30 Satzskizzen, DM 14,45

HEFT 311
Prof. Dr. F. Wever und Dr. M. Hempel, Düsseldorf
Dauerschwingfestigkeit von Stählen bei erhöhten Temperaturen
Teil I: Erkenntnisse aus bisherigen Dauerschwingversuchen in der Wärme
1956, 48 Seiten, 19 Abb., 2 Tabellen, DM 10,90

HEFT 312
Prof. Dr. F. Wever und Dr. M. Hempel, Düsseldorf
Dauerschwingfestigkeit von Stählen bei erhöhten Temperaturen
Teil II: Zug-Druck-Dauerschwingversuche an zwei warmfesten Stählen bei Temperaturen von 500 bis 650°
1956, 48 Seiten, 20 Abb., 3 Tabellen, DM 11,80

Springer Fachmedien Wiesbaden GmbH

HEFT 313
Prof. Dr. F. Wever, Dr. W. Koch und Dipl.-Phys. H. Rohde, Düsseldorf
Änderungen des Habitus und der Gitterkonstanten des Zementits in Chromstählen bei verschiedenen Wärmebehandlungen
1956, 88 Seiten, 29 Abb., 8 Tabellen, DM 20,90

HEFT 314
Prof. Dr. F. Wever und Dr.-Ing. A. Krisch, Düsseldorf, und Dr.-Ing. H.-J. Wiester, Essen
Veränderungen im Gefügeaufbau von Chrom-Nickel-Molybdän-Stählen bei langzeitiger Beanspruchung im Zeitstandversuch bei 500°
1956, 48 Seiten, 26 Abb., 5 Tabellen, DM 11,70

HEFT 315
Prof. Dr. F. Wever und Dr.-Ing. A. Krisch, Düsseldorf
Metallkundliche Untersuchungen an Zeitstandproben
1956, 38 Seiten, 12 Abb., DM 9,15

HEFT 316
Dr. F. Keune, Aachen
Zusammenfassende Darstellung und Erweiterung des Aequivalenzsatzes für schallnahe Strömung
1956, 80 Seiten, 22 Abb., DM 17,90

HEFT 317
Dr.-Ing. J. Stelter, Aachen
Mikrobiologische Ultraschallwirkungen
in Vorbereitung

HEFT 318
Dipl.-Ing. H. Kickert, Aachen
Über die Ausbreitung von Ultraschall in Luft
in Vorbereitung

HEFT 319
Prof. Dr. C. Kröger, Aachen
Gemengereaktionen und Glasschmelze
in Vorbereitung

HEFT 320
Dr. H.-E. Caspary, Köln
Verwendung von Szintillationszählern anstelle von Zählrohren zur zerstörungsfreien Materialprüfung
1956, 42 Seiten, 13 Abb., 2 Tabellen, DM 10,10

HEFT 321
Prof. Dr. F. Wever, Düsseldorf, und Dr. W. Wepner, Köln
Gleichzeitige Bestimmung kleiner Kohlenstoff- und Stickstoffgehalte im α-Eisen durch Dämpfungsmessung
1956, 30 Seiten, 3 Abb., 4 Tabellen, DM 6,80

HEFT 322
Prof. Dr.-Ing. F. Bollenrath und Dipl.-Ing. W. Domke, Aachen
Eigenspannungen in vergüteten, dickwandigen Stahlzylindern nach Oberflächenhärtung mit induktiver Erwärmung
1956, 30 Seiten, 9 Abb., 2 Tabellen, DM 6,90

HEFT 323
Prof. Dr. R. Seyffert, Köln
Wege und Kosten der Distribution der Textilien, Schuh- und Lederwaren
1956, 98 Seiten, 37 Tabellen, 1 Falttaf., DM 12,—

HEFT 324
Prof. Dr.-Ing. H. Opitz, Dr.-Ing. E. Saljé und Dipl.-Ing. K. E. Schwartz, Aachen
Richtwerte für das Außenrund-Längs- und Einstechschleifen
1956, 62 Seiten, 44 Abb., 2 Tabellen, DM 13,85

HEFT 325
Prof. Dr. E. Schratz, Münster
Pharmakognostische Untersuchungen am Medizinal-Rhabarber
in Vorbereitung

HEFT 326
Prof. Dr.-Ing. E. Essers und Mitarbeiter, Aachen
Deichselkräfte an Lastzügen
in Vorbereitung

HEFT 327
Prof. Dr.-Ing. habil. K. Krekeler und Dr.-Ing. H. Peukert, Aachen
Beitrag zur thermoelastischen Formbarkeit von Polyäthylen
1956, 56 Seiten, 49 Abb, 9 Tabellen, DM 12,80

HEFT 328
Dr. H. Maeder, Belo Horizonte
Schweißen von Temperguß
in Vorbereitung

HEFT 329
Dipl.-Ing. A. Krüger, Karlsruhe, und Feuerwehr-Ing. R. Radusch, Dortmund
Wasserzerstäubung im Strahlrohr
1956, 86 Seiten, 21 Abb., 3 Tabellen, DM 18,65

HEFT 330
Dipl.-Physiker E. Pepping, Aachen
Die Durchflußzahl des Rechteckschlitzes in einer sehr großen Wand
in Vorbereitung

HEFT 331
Dipl.-Ing. G. Bretschneider, Ruit
Die Messung der wiederkehrenden Spannung mit Hilfe des Netzmodelles
in Vorbereitung

HEFT 332
Prof. Dr.-Ing. R. Jaeckel und Dr. G. Reich, Bonn
Messung von Dampfdrucken im Gebiet unter 10^{-2} Torr
1956, 42 Seiten, 16 Abb., 2 Tabellen, DM 10,40

HEFT 333
Prof. Dipl.-Ing. W. Sturtzel und Dr.-Ing. W. Graff, Duisburg
I. Der Flachwassereinfluß auf den Form- und Reibungswiderstand von Binnenschiffen
II. Der Flachwassereinfluß auf die Nachstrom- und Sogverhältnisse bei Binnenschiffen
1956, 44 Seiten, 14 Abb., DM 9,80

HEFT 334
Prof. Dr. W. Weizel und Dr. G. Meister, Bonn
Spektralanalyse durch Messung des Interferenz-Kontrastes
1956, 42 Seiten, DM 9,80

HEFT 335
Prof. Dr. W. Weizel und H. Hornberg, Bonn
Untersuchungen der anodischen Teile einer Glimmentladung
in Vorbereitung

HEFT 336
Dr. Tung-ping Yao, Aachen
Die Viskosität metallischer Schmelzen
in Vorbereitung

HEFT 337
Dr. R. Hoeppener und Dr. W. Bierther, Bonn
Tektonik und Lagerstätten im Rheinischen Schiefergebirge
in Vorbereitung

HEFT 338
Prof. Dr.-Ing. W. Wegener, Aachen, und Dipl.-Ing. J. Schneider, M.-Gladbach
Die Bedeutung der Knotenart für die Herabminderung der Fadenbrüche
1957, 40 Seiten, 6 Abb., DM 9,80

HEFT 339
Prof. Dr.-Ing. W. Wegener und Dipl.-Ing. W. Zahn, Aachen
Vergleich des normalen mit verschiedenen abgekürzten Baumwollspinnverfahren in bezug auf Gleichmäßigkeit und Sortierungsstreuung der Garne
1956, 56 Seiten, 17 Abb., 17 Tabellen, DM 12,70

HEFT 340
Dipl.-Ing. W. Rohs und Dipl.-Ing. R. Otto, Bielefeld
Das Naßspinnen von Bastfasergarnen mit Spinnbadzusätzen unter Ausnutzung einer zentralen Spinnwasserversorgungsanlage
1956, 56 Seiten, 2 Abb., 6 Tabellen, DM 11,60

HEFT 341
Prof. Dr.-Ing. H. Winterhager und Dipl.-Ing. L. Werner, Aachen
Präzisions-Meßverfahren zur Bestimmung des elektrischen Leitvermögens geschmolzener Salze
1956, 44 Seiten, 19 Abb., 1 Tabelle, DM 10,60

HEFT 342
Prof. Dr.-Ing. H. Winterhager und Dipl.-Ing. W. Barthel, Aachen
Die Gewinnung von Titanschlackenkonzentraten aus eisenreichen Ilmeniten
in Vorbereitung

HEFT 343
Prof. Dr.-Ing. W. Petersen, Aachen, und Dipl.-Ing. S. Wawroschek, Aachen
Die zweckmäßigsten Gütebestimmungsverfahren und Brikettierungsbedingungen bei der Erzeugung von Braunkohlen-Eisenerz-Briketts
1956, 64 Seiten, 28 Abb., DM 13,95

HEFT 344
Prof. Dr.-Ing. W. Fucks, Aachen
Zur Deutung einfachster mathematischer Sprachcharakteristiken
1956, 38 Seiten, 12 Abb., DM 7,80

HEFT 345
Dipl.-Ing. G. Cerbe und Dipl.-Ing. H. Monstadt, Essen
Konvektive Trocknung mit gasbeheizter Luft und Trocknung durch Gasstrahler
in Vorbereitung

HEFT 346
Dipl.-Ing. O. Arnold, Aachen
Erfahrungen mit Kernbohrungen zur Lagerstättenuntersuchung im Erzbergbau
in Vorbereitung

HEFT 347
S. Ruff, F. Kipp, H. Hansteen und G. Müller, Bonn
Untersuchungen zur Frage der Gehörschädigungen des fliegenden Personals der Propellerflugzeuge
in Vorbereitung

HEFT 348
Prof. Dr.-Ing. E. Piwowarsky und Dr.-Ing. E. G. Nickel, Aachen
Metallurgie eines hochwertigen Gußeisens mit kompakter bis kugelförmiger Graphitausbildung
in Vorbereitung

HEFT 349
Dr.-Ing. W. A. Fischer, Dr.-Ing. H. Treppschuh und Dr.-Ing. K. H. Köthemann, Düsseldorf
Tiegel aus Schmelzmagnesia für Vakuuminduktionsöfen
in Vorbereitung

HEFT 350
Prof. Dr.-Ing. habil. K. Krekeler und Dr.-Ing. H. Peukert, Aachen
Das Spannungsverhalten der Kunststoffe bei der Verarbeitung
in Vorbereitung

HEFT 351
Prof. Dr.-Ing. H. Opitz, Dipl.-Ing. H. Axer und Dipl.-Ing. H. Rhode, Aachen
Zerspanbarkeit hochwarmfester und nichtrostender Stähle. Teil I
in Vorbereitung

HEFT 352
Dipl.-Ing. H. Fauser, Aachen
Fahrdynamik und Batterie-Arbeitsverbrauch von Akkumulatorenlokomotiven im Untertagebetrieb
in Vorbereitung

HEFT 353
Forschungsinstitut für Rationalisierung, Aachen
Schlagwortregister zur Rationalisierung
in Vorbereitung

HEFT 354
Dipl.-Ing. D. Wagener, Aachen
Auswirkungen neuer Gaserzeugungs-Verfahren unter Berücksichtigung der Auswirkung auf den Kokereibetrieb
in Vorbereitung

HEFT 355
Prof. Dr.-Ing. habil. K. Krekeler, Dr.-Ing. H. Peukert und Dipl.-Ing. A. Kleine-Albers, Aachen
Heißgas-Schweißungen von Weich-Polyvinylchlorid mit Zusatzwerkstoff
in Vorbereitung

HEFT 356
Dipl.-Phys. G. Gurke, Aachen
Aufbau einer Meßanlage für Untersuchungen elektrischer Gasentladung im Bereiche großer p. d.-Werte
1956, 38 Seiten, 13 Abb., DM 8,65

HEFT 357
Prof. Dr.-Ing. W. Fucks, Aachen
Mathematische Analyse der Formalstruktur von Musik
in Vorbereitung

HEFT 358
Prof. Dr. rer. nat. W. Weltzien, Dipl.-Chem. P. Ringel und Text.-Ing. H. Kirchhoff, Krefeld
Die Waschechtheit von Färbungen. Vergleichende Untersuchungen auf dem Gebiete der Echtheitsprüfung
in Vorbereitung

HEFT 359
Dr.-Ing. F. J. Meister, Düsseldorf
Veränderung der Hörschärfe, Lautheitsempfindung und Sprachaufnahme während des Arbeitsprozesses bei Lärmarbeitern
in Vorbereitung

HEFT 360
Dr.-Ing. E. Barz, Remscheid
Fertigungsverfahren und Spannungsverlauf bei Kreissägeblättern für Holz
in Vorbereitung

HEFT 361
Dipl.-Ing. H. F. Klein, Aachen
Die nichtstationären Strömungsvorgänge und der Wärmeübergang in einem Schwingfeuergerät
in Vorbereitung

HEFT 362
Prof. Dr. med. G. Lehmann und Dipl.-Phys. D. Dieckmann, Dortmund
Die Wirkung mechanischer Schwingungen (0,5 bis 100 Hertz) auf den Menschen
in Vorbereitung

Springer Fachmedien Wiesbaden GmbH

HEFT 363
Dr.-Ing. U. Domm, Frankenthal (Pfalz)
Über eine Hypothese, die den Mechanismus der Turbulenz-Entstehung betrifft
28 Seiten, 4 Abb., DM 6,45

HEFT 364
Prof. Dr. Th. Beste, Köln
Die Mehrkosten bei der Herstellung ungängiger Erzeugnisse im Vergleich zur Herstellung vereinheitlichter Erzeugnisse
in Vorbereitung

HEFT 365
Sozialforschungsstelle an der Universität Münster, Dortmund
Standort und Wohnort
in Vorbereitung

HEFT 366
Versuchsanstalt für Binnenschiffbau e. V., Duisburg
Bei Flachwasserfahrten durch die Strömungsverteilung am Boden und an den Seiten stattfindende Beeinflussung des Reibungswiderstandes von Schiffen
in Vorbereitung

HEFT 367
Dr. rer. nat. D. Horstmann, Düsseldorf
Der Angriff eisengesättigter Zinkschmelzen auf kohlenstoff-, schwefel- und phosphorhaltiges Eisen
in Vorbereitung

HEFT 368
Prof. Dr. phil. H. Kaiser, Dortmund
Entwicklung betriebsmäßiger spektrochemischer Analysenverfahren für technische Gläser
in Vorbereitung

HEFT 369
Prof. Dr.-Ing. R. Jaeckel und Dipl.-Phys. F. J. Schittko, Bonn
Gasabgabe von Werkstoffen ins Vakuum
in Vorbereitung

HEFT 370
Dr. phil. habil. F. Schwarz, Köln
Physikochemische Grundlagen der Bildsamkeit von Kalken unter Einbeziehung des Begriffes der aktiven Oberfläche
in Vorbereitung

HEFT 371
Dr. phil. W. Lejeune, Köln
Beitrag zur statistischen Verifikation der Minderheiten-Theorie
in Vorbereitung

HEFT 372
Prof. Dr. phil. M. von Stackelberg, Bonn
Untersuchungen zur Ausarbeitung und Verbesserung von polarographischen Analysenmethoden. 2. Bericht
in Vorbereitung

HEFT 373
Dipl.-Ing. H. J. Koch, Essen
Druckgasfeuerung — ein Verfahren zum Betrieb von Gasfeuerstätten
in Vorbereitung

HEFT 374
Dr. E. Paproth, Krefeld
Paläontologische Bearbeitung der in den devonischen Schichten des Siegerlandes enthaltenen Faunen
in Vorbereitung

HEFT 375
Technischer Überwachungsverein e. V., Essen
Wanddickenmessungen mittels radioaktiver Strahlen und Zählrohrgerät
in Vorbereitung

HEFT 376
Technischer Überwachungsverein e. V., Essen
Wasserumlaufprobleme an Hochdruckkesseln
in Vorbereitung

HEFT 377
Technischer Überwachungsverein e. V., Essen
Versuche an Wanderrostkesseln mit befeuchteter Verbrennungsluft
in Vorbereitung

HEFT 378
Oberingenieur H. Stein, M.-Gladbach
Beobachtung und maßtechnische Erfassung der Vorgänge im Spinn- und Aufwindefeld von Ringspinn- und Ringzwirnmaschinen
in Vorbereitung

HEFT 379
Laboratorium für textile Meßtechnik, M.-Gladbach
Schußfadenspannung beim Weben
in Vorbereitung

HEFT 380
Dipl.-Phys. R. Trappenberg, Karlsruhe
Theoretische und experimentelle Untersuchungen zur Staubverteilung einer Rauchfahne
in Vorbereitung

HEFT 381
Dr. J. Juils, Krefeld
Zur Dichtebestimmung von Fasern. Methoden und Beispiele der praktischen Anwendung
in Vorbereitung

HEFT 382
Dr. phil. habil. P. Hölemann, Ing. R. Hasselmann und Ing. G. Dix, Dortmund
Die Messung von Flammen und Detonationsgeschwindigkeiten bei der explosiven Zersetzung von Acetylen in Rohren
in Vorbereitung

HEFT 383
Dr. phil. habil. P. Hölemann und Ing. R. Hasselmann, Dortmund
Verlauf von Azetylenexplosionen in Rohren bei Gegenwart von porösen Massen
in Vorbereitung

HEFT 384
Prof. Dr.-Ing. H. Opitz, Aachen
Schwingungsuntersuchungen an Werkzeugmaschinen
in Vorbereitung

HEFT 385
Prof. Dr.-Ing. H. Opitz, Aachen
Zerspanbarkeit hochwarmfester und nichtrostender Stähle. Teil II
in Vorbereitung

HEFT 386
Prof. Dr.-Ing. H. Opitz, Aachen
Standzeituntersuchungen und Verschleißmessungen mit radioaktiven Isotopen
in Vorbereitung

HEFT 387
Prof. Dr. med. W. Kikuth und Dozent Dr. med. L. Grün, Düsseldorf
Die Verhütung von Infektion durch Desinfektion des Raumes und der Raumluft
in Vorbereitung

HEFT 388
Prof. Dr. rer. nat. habil. W. Baumeister und Dr. rer. nat. H. Burghardt, Münster
Die Bedeutung der Elemente Zink und Fluor für das Pflanzenwachstum
in Vorbereitung

HEFT 389
Prof. Dr.-Ing. habil. H. Fink und K. W. Hoppenhaus, Köln
Die biologische Eiweiß-Synthese von höheren und niederen Pilzen und die alimentäre Lebernekrose der Ratte
in Vorbereitung

HEFT 390
Dr.-Ing. J. Endres und Dr.-Ing. G. Hiebel, München
Berechnung der optimalen Leistungen, Kraftstoffverbräuche und Wirkungsgrade von Luftfahrt-Gasturbinen-Triebwerken am Boden und in der Höhe bei Fluggeschwindigkeiten von 0–2000 km/h und bei vorgegebenen Düsenausströmgeschwindigkeiten
in Vorbereitung

HEFT 391
Prof. Dr. phil. F. Wever, Dr. phil. W. Koch und Dipl.-Chem. F. Stricker, Düsseldorf
Die quantitative spektrographische Analyse von Gasgemischen aus Kohlenmonoxyd, Wasserstoff und Stickstoff
in Vorbereitung

HEFT 392
Prof. Dr. phil. F. Wever u. a., Düsseldorf
Untersuchungen über den Konverterrauch im Hinblick auf die spektrale Überwachung des Thomasprozesses
in Vorbereitung

HEFT 393
Dr.-Ing. O. Viertel und S. Brückner-Lucas, Krefeld
Arbeitszeitstudien an Haushaltwaschmaschinen

HEFT 394
Privatdozent Dr. med. W. Koch, Münster
Die Ablagerung radioaktiver Substanzen im Knochen
in Vorbereitung

HEFT 395
Dipl.-Ing. L. Hahn, Clausthal-Zellerfeld
Untersuchungen zur Frage des optimalen Bohrloch- und Patronendurchmessers
in Vorbereitung

HEFT 396
Prof. Dr.-Ing. F. Schultz-Grunow, Dr.-Ing. A. Jogerich, Essen, Dipl.-Ing. H. Meyer, cand. ing. P. Sand, Aachen
Untersuchungen des Luftwiderstandes von Güterwagen
in Vorbereitung

HEFT 397
Techn.-Wissenschaftliches Büro für die Bastfaserindustrie, Bielefeld
Ungleichmäßigkeiten in Bändern von Bastfaserkarden, ihre Ursachen und Auswirkungen
in Vorbereitung

HEFT 398
Prof. Dr. habil. H. E. Schwiete, Aachen, u. a.
Einlagerungsversuche an synthetischem Mullit I. — Die Zusammensetzung der Schmelzphase in Schamottesteinen I
in Vorbereitung

HEFT 399
Prof. Dr. habil. H. E. Schwiete und Dr.-Ing. R. Vinkeloe, Aachen
Möglichkeiten der quantitativen Mineralanalyse mit dem Zählrohrgerät unter besonderer Berücksichtigung der Mineralgehaltsbestimmung von Tonen
in Vorbereitung

HEFT 400
Prof. Dr. phil. W. Fuchs und Dipl.-Chem. H. Weyerstrass, Aachen
Entwicklung eines Heißfilters zur Reinigung von Gichtgas eines mit Kohle betriebenen Niederschachtofens
in Vorbereitung

HEFT 401
Prof. Dr.-Ing. M. Lipp und Dipl.-Chem. G. Frielingsdorf, Aachen
Darstellung reaktionsfähiger Verbindungen des Camphansystems und Versuche zu deren Fluorierung
in Vorbereitung

HEFT 402
Prof. Dr. W. Linke, Aachen
Die Wärmeübertragung durch Thermopane-Fenster
in Vorbereitung

HEFT 403
Prof. Dr.-Ing. P. Denzel und Dipl.-Ing. W. Cremer Aachen
Verbesserung der Benutzungsdauer der Höchstlast in ländlichen Netzen durch Anwendung elektrischer Geräte in der Landwirtschaft
in Vorbereitung

HEFT 404
Prof. Dr. R. Jaeckel und Dipl.-Phys. F. Gross, Bonn
Die Löslichkeit von Gasen in schwerflüchtigen organischen Flüssigkeiten
in Vorbereitung

HEFT 405
Dr.-Ing. H. Opitz und Dipl.-Ing. H. Schuler, Aachen
Untersuchungen für einen Wirtschaftlichkeitsvergleich der Feinbearbeitungsverfahren
in Vorbereitung

HEFT 406
W. Kirsch, Remscheid
Entwicklungsarbeiten auf dem Gebiete des Korrosionsschutzes
in Vorbereitung

HEFT 407
Prof. Dr.-Ing. H. Schenk, Aachen und Dr.-Ing. W. Wenzel, Bad Godesberg
Entwicklungsarbeiten auf dem Gebiete der Verhüttung von Erzstaub in Schmelzkammern
in Vorbereitung

HEFT 408
Prof. Dr. phil. F. Wever, Dr.-Ing. W. Lueg und Dr.-Ing. H. G. Müller, Düsseldorf
Kraft- und Arbeitsbedarf beim Warmscheren von Stahl in Abhängigkeit von Temperatur und Schnittgeschwindigkeit
in Vorbereitung

Springer Fachmedien Wiesbaden GmbH

HEFT 409
Prof. Dr. phil. F. Wever, Dr. phil. W. Koch, Dr. rer. nat. Ch. Ilschner-Gensch und Dipl.-Phys. H. Rohde, Düsseldorf
Das Auftreten eines kubischen Nitrids in aluminiumlegierten Stählen
in Vorbereitung

HEFT 410
Prof. Dr. phil. F. Wever, Prof. Dr. rer. techn. A. Kochendörfer, Dr. phil. nat. M. Hempel, Düsseldorf und Dipl.-Phys. E. Hillenhagen, Köln
Biegewechselversuche mit Flachproben aus Alpha-Eisen-Einkristallen zur Bestimmung der Wechselfestigkeit und der Gleitspuren
in Vorbereitung

HEFT 411
Prof. Dr. W. Halbsguth und Dr. L. Sommer, Franfurt/M.
Grundlegende Versuche zur Keimungsphysiologie von Pilzsporen
in Vorbereitung

HEFT 412
Prof. Dr.-Ing. H. Opitz, Aachen
Kennwerte und Leistungsbedarf für Werkzeugmaschinengetriebe
in Vorbereitung

HEFT 413
Prof. Dr.-Ing. H. Opitz, Aachen
Richtwerte für das Fräsen von unlegierten und legierten Baustählen mit Hartmetall, Teil II
in Vorbereitung

HEFT 414
Dr. med. H. K. Parchwitz und Dr. med. C. Winkler, Bonn
Speicherung organischer Farbstoffe und künstlich radioaktiver Substanzen in Geschwülsten
in Vorbereitung

HEFT 415
Prof. Dr.-Ing. W. Paul, Dr. rer. nat. O. Osberghaus und Dipl.-Phys. E. Fischer, Bonn
Ein Ionenkäfig
in Vorbereitung

HEFT 416
Oberreg.-Gewerberat Dipl.-Ing. G. Steinicke, Hamburg
Die Wirkung von Lärm auf den Schlaf des Menschen
in Vorbereitung

HEFT 417
Prof. Dr.-Ing. habil. E. Rößger, Berlin
I. Teil: Die Entwicklung des Weltluftverkehrs, Ergänzungsbericht 1954
II. Teil: Die zivile Luftfahrtpolitik der USA
in Vorbereitung

HEFT 418
O. Gdaniec, Mülheim/Ruhr
Über die Randlochkarte als Hilfsmittel in der Dokumentation
in Vorbereitung

HEFT 419
K. Brooks
Die Messungen der Reflexionseigenschaften künstlicher und natürlicher Materialien mit quasi-optischen Methoden bei Mikrowellen
in Vorbereitung

HEFT 420
M. Vogel
Das Spektralgebiet zwischen dem langwelligen Ultrarot und Mikrowellen
in Vorbereitung

HEFT 421
ORR Dipl.-Volkswirt Dr. H. Rogmann, Düsseldorf
Die Erforschung der Verkehrskonjunktur und der langzeitigen Dynamik in der Verkehrswirtschaft (Zusammenfassung der eingegangenen Stellungnahmen und Vorschläge)
in Vorbereitung

Springer Fachmedien Wiesbaden GmbH

If you have any concerns about our products,
you can contact us on
ProductSafety@springernature.com

In case Publisher is established outside the EU,
the EU authorized representative is:
**Springer Nature Customer Service Center GmbH
Europaplatz 3, 69115 Heidelberg, Germany**

Printed by Libri Plureos GmbH
in Hamburg, Germany